日本統治時代の朝鮮農村農民改革

山﨑　知昭

はじめに

二〇一五年は日本と韓国が国交を結んで五十年という節目の年である。本来ならば、日本と韓国の間で、友好的な雰囲気で国交が維持されているであろう。しかし、日韓両国は文化面での交流が盛んになってきたものの、両国政府間では慰安婦問題をはじめ統治時代に関するシコリが残ったままである。

では、日本と韓国の間において、ほんとうにシコリが残るような問題しかなかったのであろうか。そのように目を向けて韓国を見てみると、実は韓国国内には、日本の遺構ともいえるものがたくさん残っていることがわかる。何も、日本が残したものは、シコリばかりではなく、現在も韓国に息づいている国内の仕組みや制度などに、日本が統治時代に行ったことなどが多く残っているのである。

このような議論をすると、日本人はどうしても「箱もの」を想像してしまう。しかし、実際に韓国の人々の生活の役に立っている制度などの方が、韓国の人にも日本の人にもわかりやすいのではないか。

そのような「韓国の制度」の中で、本書では、農村金融の緩和、農業発達を図るため、明治四十（一九〇七）年に設立された地方金融組合について研究を行った。この前年、財務顧問である目賀田種太郎が農工銀行を設立し、設置所在地では金融の利便を図ることが可能となったが、これは上流階級の一部の者の利用に限られていたため、農村における金融制度を設立したのである。この制度は、戦中戦後も韓国の農業の発展のために機能し続け、そして、一九七〇年代、朴正熙大統領（当時）における「セマウル運動」に強く影響したのである。

今までこれらの内容に関しては、個々に様々な研究がなされている。しかし、各分野において単体での研究は行われているが、大きな流れで捉えた研究はみられない。

そこで本書は、先ず日本が朝鮮半島を保護国とする以前の様子に触れ、統監府時代に設立された地方金融組合から、宇垣一成が行った「農山漁村振興運動」までの、貧窮から脱出するための農民改革について明らかにする。その上で、日本の終戦により解放された朝鮮が、連合軍軍政期を経て「セマウル運動」までの大きな流れから、日本の統治時代に実施された政策や精神が踏襲されたのか、長い時間軸から検証し、明らかにしたい。

二〇一五年

山﨑　知昭

目次

日本統治時代の朝鮮農村農民改革

第一章　日本統治以前の朝鮮半島

第一節　一九世紀後半における朝鮮社会の様子

日本が統治する以前の朝鮮半島は、如何なる状況であったのであろうか。経済学者の福田徳三は十九世紀後半の朝鮮について交通経済の発達は低度であり、貨幣経済もあまり普及されておらず、自足経済・村落経済があるのみとし、真正な意義において未だ「国」を成さず。而してまた「国民経済」を有せず。之が類例を他国に求るに、我が邦にありては鎌倉幕府発生以前、殊に藤原時代に比す[1]と述べている。これは福田のみでなく稲葉君山も家族制度上に現れた内鮮両民族の文化的差別を比較して、六百年の差がある[2]とした。

日本が保護国とする以前の朝鮮半島は、道路、上下水道といったインフラが未整備だった。元来人工に成りたるもの鮮く天然低窪にして人の歩き易き処を歩して自ら径路を為すに至[3]った。そのため、釜山から京城（現在のソウル）に行くためには東莱、梁山、蜜陽尾、大邱、尚州、忠州、廣州等を経て京城に至るまで其間二十五日[4]を費やした。

しかしながら、王が通る主要な道路はふつう四人が並ぶのに十分な広さ[5]があった。また京城より黄海道、平安道、を経て、支那に至る道路は従前支那の使臣が、往来する為[6]に整備されていた。一八八八年から一八八九年にかけて朝鮮を旅行したフランスの旅行家シャルル・ルイ・バラは京城の道路について、まるでシャンゼリゼ大路くらい広々とした道が目の前に広がった[7]と表現している。

主要道路以外は平坦な道路がなかった朝鮮半島では、物流の手段は牛や褓負商《ほふしょう》と呼ばれる行商人の販売が主であった。褓負商は運搬具であるチゲを利用し、市場から市場へとねり歩いては物を買い、それを背負って国中を渡り歩きながら再び売る[8]という役割を担った。

この市場も常設ではなく、各地で五日場と呼ばれ五日ごとに開かれた。例外として此外令市というものがある、此れは政府の命令で春秋二季に何十日間[9]と特別の市が開かれた。問屋的役割として客主、旅閣、六矣廛《ろくいてん》が存在した。客主は商品の委託販売、倉庫業、金融業を兼業している。また旅閣は旅宿業も兼ねている。六矣廛は京城に存在する六個の特権を有する商店である。ここでは絹布類、木綿類、紬類、麻布、紙類、乾魚鹽魚が取り扱われた。

住居については、この時代は土壁に藁葺屋根が一般的であり、基本的には平屋づくりで床下にオンドルが設置されていた。下水道は市中の汚水を夜に昼に絶えず城外に排泄している。その為に下水道の泥は真黒に幾世も昔からの濁水に染められ悪臭を空中に放散[10]していた。朝鮮人の不潔に就き、尚一層甚しきは、総て排泄物を不潔とせず、随所放尿する[11]という次第であった。その結果、道路も衛生状態が悪く、天然痘・ハンセン病・チフス・コレラといった病気が朝鮮全土に蔓延していた。

統監府統計年報によると明治三十九（一九〇六）年末の朝鮮人の数は九百七十八万千六百七十一人で、その約八割が農民であったことから、主要な産業は農業で、米・麦・大豆・黍・粟などの作物をはじめ、煙草や綿といった作物を栽培していた。しかしながら、農法が発展しておらず、農地に密集して種を直播していた。肥料でも大抵は雑草位で、人糞の利用なども少なく、田地の如き多くは一毛作ばかり[12]であり、農機具は種類、製造共に極めて単純であった。又治水の術修をしないため河岸は概ね荒蕪《こうぶ》に属し、農家はなるべく水害を避け山谷に就[13]いていた。灌漑施設もないことから自然頼みとなり、その耕種の方法は概して三百年前の陳腐な旧慣[14]のみであった。それ故に、朝鮮農業は原始的農業であったといえる。

また、朝鮮半島には日本人の他に、キリスト教の布教活動のためにこの地を訪れていた外国人が多数いた。古くは一六〇〇年頃からその存在が確認されている。在留外国人としてはフランス人及びアメリカ人が多く、教会に属する者が多く、京城や仁川に在住していた。京城の西南に位置する貞洞（チョンドン）には英・露・米・仏の公使館が配置されていた。しかしイギリス人は少なく、その位置などに就いては皆目見当がつかぬ人ばかりであった[15]。彼らは朝鮮の地形、風土をはじめ朝鮮人の特徴、生活様式など事細かに記し発信していた。

イザベラ・バードは一八九七年に執筆した『朝鮮紀行』の中で、当時の農村の様子について、「日銭を稼ぐために大量のたきぎと炭を移出し、そのため近隣では燃料として使える木が棒切れ一本なくなってしまっている。特別な産業は何もない」[16]としている。

一九五八年にモスクワで刊行された『朝鮮紀行集1885－1896年』を全訳した、ゲ・デ・チャガイの『朝鮮旅行記』にも当時の朝鮮の様子が記されている。この中の一つに、参謀本部のウェーベリ中佐が記した「一八八九年夏の朝鮮旅行」がある。ここでは山岳地域の住民について「彼らは主として馬鈴薯を植えているが、それは半年だけ糊口を凌がせるに過ぎない。―飢えた住民の過半が、自らの労働によって土地から得られる産物では飢えを満たすことができない」[17]と綴っている。朝鮮半島には「春窮」という言葉があり、秋に作物を収穫しても春にはなくってしまう現象が起こっていた。

その要因としては地方制度と土地管理人の存在が挙げられる。朝鮮には両班という貴族階層が存在していた。李朝時代の地方官の最高位の職は監察官で、その下に府尹、郡守、県令等の地方官がいる。この地方官の補助的役割として郷吏が存在し、彼らは私利私欲のため、農民から収穫物の搾取を行っていた。

さらに、地方官のみに留まらず農民から搾取を行ったのが土地管理人であった「舎音（サオム）」または「マルム」である。両班の土地を農民が耕作していたが、地主である両班が京城に滞在し、土地が地方にある場合、農民の管理を行ったのが舎音である。この舎音については第二節で詳しく述べることとするが、彼らが地主である両班と小作人の間で中間搾取を行うことで、農民たちは二重に搾取される状態になり、飢餓の状況を作り出す原因の一つとなった。

また朝鮮の農民は、朝食後に農作業が始まるが、どんな仕事でも正午には終わって、再開は決まって翌朝である。午餐を済ませると、男たちは昼寝をするか、あるいは街頭へ繰り出した[18]ことから、勤勉とは言えなかった。さらに、多少余分に収穫でき貯蓄すれば直に取上げられる、適切に言へば働けば働く丈け損[19]をしたことも農民の勤労意欲を削ぐ原因となった。こうした現象にも舎音という存在が大きく関わっているのである。

第二節　中間搾取人の存在

朝鮮の小作農は両班から土地を借りて耕作していた。両班は農村で生活する者もいたが、通常京城に居住していたために多くが不在地主であったことから、小作農を監督する者が必要だった。前節で記述した舍音が小作農を監督する「土地管理人」という役割を果たしていた。この舍音という用語ができる以前は、「マルム」と呼ばれる土地管理人も存在していた。この用語がいつ頃から使用されていたかは不明であるが、「マルム」という言葉には「物事を裁量し取計らう」という意味がある。また、舍音もマルム同様、いつ頃から使用されていたのかは明らかにされていない。このほか「収秋看」というものも存在したが、舍音という言葉が使われ始めると、文献に使用される用語もマルムよりも舍音が大半を占めた。

大正三（一九一四）年に発刊された総督府月報の「小作制度に関する舊慣及現況」で総督府試補の岡本栄次郎が明らかにした。岡本は舍音について次のように述べている。

舍音とは一種の差配人にして地主小作人間に在りて一定の報酬を得て小作地の管理を為し従て小作料徴収の保管並小作人の監督等を為し多くは大地主又は遠距離に在る地主の設置せるものにして其の報酬は一定せず或は其の管理せる土地に對し自ら一定の小作料納付の責任を負ひ小作人よりは自由に小作料

を徴収し其の差額を報酬に充つるものあり或は小作料は全部地主に納付し其の幾割を報酬として支給せられるものあり或は良好の田・水田を無料又は低料を以て耕作するの特権を與へらるものあり[20)]

舎音が小作人から自由に小作料を徴収し、その差額を報酬にするという差額分が中間搾取の部分である。小作料は専ら物納であったことから、収穫量が増えればその分多く舎音が徴収することが可能だったのである。

舎音の主な仕事は、管理地域内の小作地に対する小作人の選定、移動、小作料の決定、検査、徴収、保管、小作地の見回り、小作料の減免に関する調査、決定、公租公課その他納税の滞納、小作地の修繕改良に関する監督、小作契約や解除に関する権限等を行っていた。しかしながら、この任務内容もすべての地域で統制されているわけではなく、道によって異なっていた。また大地主にあっては、舎音以外にも打作官という管理者も雇っていた。この打作官は収穫期に小作地を巡回し、舎音を監督していた[21)]。当時舎音を多く設置した権豪地主は小作地付近の地方民を舎音として差定したり、自己の腹心者を舎音として差遣した[22)]。この舎音の任命は、契約書を要せず口頭約束によるものが多いが、中には簡単な差帖を入れるものもあり、小作契約書を入れることが流行するようになってからは、小作地管理権委任の形式にて報酬契約を成す者も出てきた。

農民たちは、収穫の五割以上を年貢として両班又は地主、舎音に取り上げられてしまうため、収穫しても翌年三月までの約三ヶ月はジャガイモや麦で凌いでいた。さらにひどい時は草の根や木の皮を剥いで食べて、飢えを凌いだ農民もいたほどであった。湖南、全羅南、嶺南、慶尚道の数十邑では松皮を食しており、この地域の邑の松はというと、立ったままで洗ったように白くきれいに剥がれてしまっていた[23]。そこから「春窮、麦嶺越え難し」という表現が朝鮮の農民たちの間でできたのである。そして、このような状態は日本統治時代に入ってからも続いていた。

具体的な舎音に対する記述は、当時の農村の情勢について朝鮮総督府が昭和四（一九二九）年に発行した『朝鮮の小作慣習』の中でなされている。これによると、小作料徴収時に舎音手数料を徴収する舎音の存在が明らかにされている。舎音の任命については、契約書といった形態をとらず口頭での約束によるものが多く、地主の信用ある者、或いはこれと親族関係のある者を任用するケースが多いと記されている。

この舎音に対し宮田や一般地主の間で口伝があり「舎音ハ尊位、郡守或ハ監察官ニ優サル」等とし、或は「舎音ヲ三年又一代スレバ富豪トナルベシ」[24] と言われていた。この記述から、当時舎音という職が如何に儲かるかが伺える。また、朝鮮時代の農村問題に詳しい印貞植は舎音に対して、自身の著書『朝鮮農村襍記』において「舎音はかの高利貸と共に農村に介在している最も有害なる寄生虫である。彼らは共に零細農民の貧窮な生活に寄生して農村生活を一層困窮化し農業再生産を阻害萎縮せしめる要素である」[25] と記している。舎音の存在については朝鮮総督府の資料をはじめ多々目にすることができ、やはり小作農の困窮要因、自助を喪失させるとして問題視されていた。舎音たちは小作権で農民たちを脅し、好きな時に宴会を要求するほか勝手に小作料を引き上げるなどの行為を行っていた。そこから前述の「舎音を三年又は一代するは富豪となる」という言葉が生まれたのであろう。また舎音と共に有害とされた高利貸は、当時の朝鮮半島において最も儲かる職業とされていた。そのため邦人の韓国において最有利の投資法[26]も高利貸であった。

舎音の分布についてであるが、比較的朝鮮全土に存在していたが、表１－１からわかるように地域により人数に開きがあった。

京畿道に集中している要因として、当時の都であった京城が位置していたことが挙げられる。次に多い全羅道については、昔から肥沃の地と呼ばれており、農業に適した地域であった。後に述べる地方金融組合もこの全羅道に位置する光州から設置された。

逆に朝鮮半島北部に位置する平安道、咸鏡道において極端に舎音の数が少ない理由は「南農北工」と言われるように稲作は南に集中していたからである。部落の数をみても京畿道七千八百部落、全羅道が一万五千四百四十八部落あるのに対し、咸鏡道は五千二百三十三部落だった。

このような舎音の問題は一九三〇年代になっても残されていた。そこで、問題を抜本的に解決すべく、昭和九（一九三四）年、当時の総督宇垣一成により「朝鮮農地令」が発布された。この発布により、舎音を置く場合は総督府への届出が必要となったが、存在自体がなくなるというわけではなかった。この農地令の詳細については第三章で取り扱う。

舎音や官吏による搾取で日々を生き延びるのも厳しい状態であった農民たちであるが、このような状

表 1-1　舎音の地域別人数（単位：人）

道名	舎音数
京畿道	6,975
忠清北道	2,668
忠清南道	—
全羅北道	3,116
全羅南道	3,505
慶尚北道	2,928
慶尚南道	2,996
黄海道	2,375
平安北道	779
平安南道	154
江原道	986
咸鏡北道	—
咸鏡南道	101

出所：「朝鮮ノ小作慣行（上巻)」朝鮮総督府、昭和７年

況で発生したのが「契」や「トゥレ」である。契は朝鮮独自のもので、その起源は高麗時代既にその発生を見[27)]、李朝時代に発達し各地に普及するに至った。契は数人若しくは数十人が相集まって互いに多少の金品を醵出して、資本を叫合し経済上の福利を増進し、社会公益の為に計る等其の範囲は極めて広汎である[28)]。朝鮮時代末においては、部落活動の機関として利用され、組合的性質を有する組織として発達した。この種の契は自治の一作用を為していたものと認められ、当時に於ける行政区画の一単位として一契を組織された。出資は金銭又は穀類又は労力を以て行われ、二種ないし三種併せて出資することもあった。

契については、善生永助が朝鮮総督府より嘱託を受け、調査を行っている。他にも秋田豊氏の『朝鮮金融組合史』や今村鞆氏の『朝鮮風俗集』中の記事、李覚鐘氏の『朝鮮民政資料　契に関する調査』内においても、契に対する記載がなされている。契は朝鮮の各地に存在し、その種類は大きく分けると次の六つの項目に分類される。

① 公共事業を目的とするもの
② 扶助を目的とするもの
③ 産業を目的とするもの
④ 金融を目的とするもの
⑤ 娯楽を目的とするもの

ただ、このように分野別に契を表せるようになるのは、日本による統治以降であるが、資料により分類はさまざまである。

⑥　その他

この契の存在については、既に述べたとおり共同体とまではいかないが、相互扶助組織としての役割があった。この契の段階で農業面と関係があったのが右記③の産業を目的とするものである。これら契に於ける相互扶助の精神は、後の金融組合の事業奨励に関係があったとされている。忠清北道忠州郡薪尼面文宗里においては、昭和七年に朝鮮金融組合が設立されるまで、従来の契が使用されていた。朝鮮金融組合が設立されると、組合員の勧誘により朝鮮金融組合へ加入する農民が増加した[29]。

統治後においては、昭和八（一九三三）年八月三十日「制令第一二号」を以て「殖産契令」を公布し、殖産契が設立された。この殖産契の業務は④にあたり、位置的には金融組合の下となる。一九三〇年代に入り、当時の総督宇垣一成が自力更生を目的とした「農村振興運動」を積極的に遂行した。この進展に伴い金融組合へ中小産業組合員が増加し、経済指導が益々必要になった。その精神的訓練及び経済指導の徹底を図り、地方振興運動の実効を上げるために設立され、昭和八（一九三三）年十二月二十より「殖産契令」が施行された。この殖産契は割合からみると、農家世帯の八十％から九十％が組合に入り、非農家、労働者は殖産契に加入した。ちなみに、金融組合は社団法人であるため、契自体が法人という形で組合に加入していた。

トゥレ（輪番）は共同体的な制度である。例えば、甲、乙、丙、丁の四人がトゥレの組織に参加しているとすれば、彼らは四人全部の共同労働でもって甲の田畑から、乙、丙、丁の田畑へと夫々一定の順に従って耕作していく30)というものである。このトゥレは組織ではなく、日本の江戸時代における農村の扶助組織である五人組と近い役割を果たしていた。

次に一八〇〇年代における朝鮮半島を取巻く状況について見ていきたい。

第三節　ロシアの南下と朝鮮半島

朝鮮は十九世紀半ばまで、清を宗主国とする冊封体制を維持していた。当時、アメリカ、フランス、イギリスといった欧米列強のアジア進出が行われはじめた。宗主国であった清ではアヘン戦争、アロー号事件が起きた。朝鮮半島においても慶応二（一八六六）年にはフランスと交戦（丙寅洋擾）、同年、通商を求めてきたアメリカとも戦闘になった。

明治九（一八七六）年、日本と修好条規を締結したことを契機に、アメリカ、イギリス、ロシアなど西欧諸国とも修好条約を締結することとなった。

当時、政権を担っていたのは第二十六代国王高宗の父大院君であったが、彼は華夷秩序を推進し、鎖国政策を施行していた。しかし、明治六（一八七三）年に失脚すると高宗の妃である閔妃とその一族が政治の実権を握り開国政策に転じた。

大院君に賛同する旧守派と閔妃（開化派）の対立は続き、明治十五（一八八二）年七月、漢城（現在のソウル）において大院君派の軍が閔妃政権高官や日本公館を襲撃した壬午事変が起きた。この事件は宗主国であった清が介入し、大院君を軟禁するという結果になった。日本は花房義質公使に、日本人保護及び朝鮮政府に対し謝罪と賠償を談判するよう訓条を下した[31]。

同年八月、花房は兵を率い朝鮮に赴任すると、同月三十日に朝鮮と済物浦条約を締結した。この後、日本軍は朝鮮に部隊を駐箚させることとなり、日清間に緊張が高まった。

朝鮮の開化を訴える金玉均・朴泳孝・金弘集等が政府に対し異を唱え、行動を起こしたのは二年後、明治十七（一八八四）年であった。甲申事変と呼ばれ、清に対し自主権を掲げ、日本に習い近代化を試みようとするも、再び清の介入により政変は失敗に終わった。この動きを受け、閔妃はロシアに接近し、明治十七（一八八四）年、露朝修好通商条約を締結した。その後、明治二十一（一八八八）年には露朝陸路通商条約を締結した。これにより朝鮮半島慶興にロシア領事館が設置されることとなった。

このロシア南下に脅威を抱いたのは、当時陸軍中将であった山縣有朋である。山縣は同年一月に「軍事意見書」の中で、「鐵道竣工ノ日ハ即チ露國カ朝鮮ニ向テ侵略ヲ始ムルノ日タルヘク其ノ朝鮮ニ向テ侵略ヲ始ムルノ日ハ即チ東洋ニ一大波瀾ヲ生スルノ日タルヘシ」[32]とロシアによる東洋平和が崩れることを懸念している。ロシアが朝鮮半島に侵略して来た場合、海路を渡って日本まで侵略されることが予測されたからである。

一方、朝鮮半島では甲申事変以後、政権に対する不満から暴動が発生する。明治二十七（一八九四）年三月には慶尚道咸安において、「郡守ハ数年来其領内人民ニ対シ虐行ヲ加ヘ収領甚シキ為」[33]郡守を襲撃する暴動が起きた。翌月には金海府で「人民数千人蜂起シテ府衙門ヲ襲撃シ府使趙駿九及其家族ヲ趙氏ノ故郷当道尚州に放逐シ次テ大小官吏ヲ捕縛シ或ハ監禁」[34]された。

同年五月、官吏に対する暴動と東学派が共謀し、全羅道から東学党の乱が起こった。東学派は崔福述が起こした宗派で、儒学と道学を混合した宗教的団体である。東学党のスローガンは「斥洋倭唱義（西洋と日本を斥け義を唱える）」と「貪官汚吏（腐敗した政治）」の一掃であった。

全羅・忠清道で活発であった彼らは「猖獗ヲ極メ地方官ヲ殺傷シ良民ノ財ヲ掠奪スルナド頗ブル切迫ノ情境」[35]となった。朝鮮政府はこの状況を打開するため、清の袁世凱に鎮圧を依頼し、兵が朝鮮に派遣された。これに対し日本は、天津条約に基づき兵員派遣の権利を有することから朝鮮に出兵した。日本が京城に着いた頃には東学党の乱はほぼ鎮圧されていた。しかしながら、東学党の乱は一時平定されたとしても、朝鮮政府がその幣政を改革しないかぎり、とうてい変乱の再発を防ぐことができず、長く国家の秩序と安寧を維持することができないことはほとんど疑う余地がなかった[36]。そこで日清両国軍隊で東学党の鎮圧にあたった。

東学党を先導したとして捕えられた金鳳均（一般的には全琫準と呼ばれている）は全羅監営にて陸軍砲兵少佐渡辺鉄太郎と面会している。

金はこの騒動について「我等唯々閔家一族ガ要路ニ在リテ威権ヲ弄シ私福ヲ擅ニスルヲ見テ慷慨ニ勝エズ年来同志ヲ糾合シテ之ヲ斥ケント欲シ屡々政府ニ臻リテ之ヲ訴エシモ一切採用セラレズ是レ閔家内ニ在リテ我等ノ訴願ヲ枉塞シ殿下ニ達セシメザルモノト思惟シ遂ニ君側ノ奸ヲ除クノ名義ヲ以テ兵ヲ起コシタリ」[37]と理由を述べている。

東学党を指揮した者は閔家の不正腐敗や人民救済を高宗に懇願しようとしたが、伝えることができず蜂起にいたったのである。

東学党の乱鎮圧後、袁世凱及び韓廷の当事者と日清両国の兵撤退や政治改革について協議するも妥協点が見つからず、豊島沖にて日清戦争の開戦となった。明治二十八（一八九五）年日本は勝利を収め、四月十七日に講和条約（下関条約）を締結する。これにより遼東半島・台湾・澎湖諸島などが日本に割与された。しかしながら、六日後ロシア、フランス、ドイツの三国は外務省を訪問し、異議を唱える三国干渉が行われた。ロシア公使の覚書には「遼東半島ヲ日本ニテ所有スルコトハ啻ニ常ニ清國首府ヲ危フスルノ恐アルノミナラス是ト同時ニ朝鮮國ノ独立ヲ有名無實ト為スモノニシテ右ハ将来極東永久ノ平和ニ對シ障害ヲ與フルモノト認ム（略）」[38]と記載されていた。

各国の異議に対し、伊藤博文は閣僚と協議の結果、「日本帝国政府は露・独・仏三国政府の友誼的なる忠告に基き遼東半島を永久に所領することを拋棄するを約す」[39]とした。日本の回答はロシアの要求通りとなったのである。

この結果、ロシアは旅順・大連を租借、フランスは広州湾を、ドイツは膠州湾を租借し青島に拠点を作った。この他、イギリスが威海衛と九竜半島を租借した。それまで「眠れる獅子」と言われた中国大陸に次々と大国が進出したのである。

明治二十九（一八九六）年、特命全権大使陸軍大将山縣有朋公爵とロシア外務大臣ル・スクレテール・デター・プランス・ロバノフ・ロストウスキとの間で、「朝鮮問題ニ関スル日露議定書」（山縣・ロバノフ協定）が取り交わされた。この第一條で次のとおりに記している。

日露両国政府ハ朝鮮国ノ財政困難ヲ救済スルノ目的ヲ以テ朝鮮国政府ニ向テ一切ノ冗費ヲ省キ且其ノ歳出入ノ平衡ヲ保ツコトヲ勧告スベシ萬止ヲ得サルモノト認メタル改革ノ結果シテ外債ヲ仰クコト必要ナルニ至レバ両国政府ハ其ノ合意ヲ以て朝鮮国ニ対シ援助ヲ与フベシ[40)]

日露両国で大韓帝国が自立できるよう援助をすると協議決定したのである。だが一方で、明治二十九（一八九六）年五月二十二日、ロシア皇帝の戴冠式に参列した李鴻章がプリンス・ロバノフと同盟密約（露清同盟密約または李・ロバノフ条約）を締結した。この条約は全六条からなる軍事同盟である。本密約は、東方アジアに於けるロシア領、中国及び朝鮮に対し、日本が企画した一切の侵略は、必然的に本条約を適用するとされた。第四条で、支那政府においてロシア軍隊が脅威せられる地点に到着することを容易ならしむるために、吉・黒両省を経由し、ウラジオストックに達する鉄道の建設を承認した[41)]。これにより満州を通ってウラジオストックに至る東清鉄道の建設を開始した。

条約内では東清鉄道の建設が清を侵略する口実とはなりえないと記述しているが、極東進出は日本にとって脅威を与える材料であった。

明治三十一（一八九八）年四月二十五日には、大韓帝国の主権及び完全なる独立を確認した「朝鮮問題ニ関スル日露議定書」（西・ローゼン協定）が日本国外務大臣西徳二郎とロシア皇帝陛下のコンセイエー、デター、アクチュエル侍従特命全権公使ロマン・ローゼンとの間で調印、同年五月十日に公布された。しかしながら、翌年、朝鮮半島南岸部の土地や港を買収し、馬山浦の測量を行っている。明治三十三（一九〇〇）年、露韓条約を締結し、馬山港離租界一〇里以内を租借した42)。ロシアは大韓帝国の独立を認めることで、日本と大韓帝国の接近を防ぎ、自らは不凍港確保のため淡々と南下政策を推し進めた。

まさに山縣が懸念していたシナリオが現実化し、日本にとっては将来の自衛上の大問題になることが予測された。ロシアの動きに対し内閣総理大臣に就任していた山縣は、明治三十二（一八九九）年の時点で「対韓政策意見書」を出した。この中で、ロシアが朝鮮侵略を推し進めた場合、日本の存亡に係る重要問題となることから、御前会議を開き重要政策を決定するとした43)。

同年、中国大陸で宣教師や教会を襲撃し、「扶清滅洋」を唱える義和団が天津と北京を占拠するという義和団事件が発生した。この時、日本を含め、露・英・米・仏・独・伊・墺の八ヵ国が出兵し鎮圧した。義和団事件後、ロシアは騒乱の鎮定、鉄道保護の名目で大軍をもって全満州を占領した44)。

時を同じくして、ロシア公使より大韓帝国の永久中立保障に関する提議が加藤外務大臣宛に為された。その内容は「韓国ニ於ケル日本ノ利害関係並ニ日露両国ニ現存スル協商ニ鑑ミ前顕計画ノ実行セラレルヘキ条件ヲ内密ニ且友誼上ヨリ日本彼府ト協議」[45]することを申し出るものであった。この申し出に対し在清全権公使小村寿太郎は「露国が該提議を為したるは、其満州における行動の自由を望むに基因するものたること明確なる」[46]と、大韓帝国を中立国としても韓国問題の解決には至らないと述べている。

明治二十八（一八九五）年の三国干渉以後、ロシアの満州政策は、急転直下の勢を以て発展し、東清鉄道の敷設と為り、露清銀行の設立と為り、旅順、大連の租借と為り、東邦の均勢に一大変動を與えた。[47]ロシアの南下政策に安全保障上の脅威を抱いた日本は、伊藤博文、井上馨が日露協商の妥協案を出すものの、将来ロシアとの交戦は免れないとし、明治三十五（一九〇二）年にイギリスと同盟を結んだ。これにより日本はロシアの朝鮮半島進出の抑制効果を期待した。

日英同盟締結後も、朝鮮半島をめぐるロシアとの交渉は続いた。明治三十六（一九〇三）年、日本は「日露両国利害ノ触接点タル満韓両地ニ関シ露国政府ト協商ヲ以テ日露間ニ於ケル衝突ノ原因ヲ一掃シ恒久ニ親交ノ基礎ヲ確立スルノ目的ヲ以テ」[48]ロシアと交渉・協商するも決裂した。明治三十七（一九〇四）年二月四日、日本政府は御前会議でロシアとの開戦を決定すると、二日後にロシア側に国交断絶を通達した。そして二月八日ついに日露戦争へと突入した。この戦争により日本は大韓帝国と協約を締結し、施政改善に介入していくこととなった。

第二章では、統監府の設置及び大韓帝国改革の内容について、何を目的とし、如何に施行したのかを明らかにしていきたい。

第二章　統監府による大韓帝国改革政策

第一節　宮中と府中との財政分離および貨幣整理

大韓帝国に統監府が設置されたのは明治三十八（一九〇五）年である。前年二月二十三日、東洋の平和を確立するため日韓協約が締結され、これにより日本は大韓帝国の施政改善に乗り出した。条約は全六条からなり、主な条約は以下のとおりである。

第一條　日韓両帝国間ニ恒久不易ノ親交ヲ保持シ東洋ノ平和ヲ確立スル為メ大韓帝国政府ハ大日本帝国政府ヲ確信シ施政ノ改善ニ関シ其忠告ヲ容ルル事

第二條　大日本帝国政府ハ大韓帝国ノ皇室ヲ確実ナル親誼ヲ以テ安全康寧ナラシムル事

第三條　大日本帝国政府ハ大韓帝国ノ独立及領土保全ヲ確実ニ保證スル事[49)]

条約締結の前日、特命全権公使林権助と韓国外務部大臣署理尹致昊との間で協約が調印された。この協約の一つで、「韓国政府ハ日本政府ノ推薦スル日本人一名ヲ財務顧問トシテ韓国政府ニ傭聘シ財務ニ関スル事項ハ総テ其意見ヲ詢ヒ施行スヘシ」[50)]と決められた。これにより、当時大蔵省主税局長であった目賀田種太郎が財政顧問として就任することとなった。これにより、大韓帝国度支部大臣閔泳綺は目賀田との間に財政顧問傭聘契約を結んでいる。

第一條　目賀田種太郎ハ大韓国政府ノ財政ヲ整理監査シ財政上諸般ノ設備ニ関シテ最モ誠実ニ審議起案ノ責ニ任スルコト

第二條　大韓国政府ハ財政ニ関スル一切ノ事務ハ目賀田種太郎ノ同意ヲ経タル後施行スルコト目賀田種太郎ハ財政ニ関スル事項ノ議政府会議ニ参与シ及財政ニ関スル意見ヲ度支部大臣ヲ経テ議政府ニ定義スルヲ得ルコト

第三條　目賀田種太郎ハ財政上ニ関シ謁見ヲ請ヒ上奏ヲ得ルコト[51]

この他、目賀田に対する給与に関する条約も含め、全六条で構成されている。上記に記してあるように、財政に関する事業は目賀田に一任されることとなった。これを以て目賀田は大韓帝国の財政再建を推進することとなる。また、大韓帝国度支部大臣との間に雇用契約を結んでいることから、雇われ財政顧問という立場であった。

財政顧問に任命された目賀田は、明治三十七（一九〇四）年九月八日外務大臣小村寿太郎より以下七つの対韓施行項目を授けられた。

（一）　防備を全うすること

（二）　外政の監督

（三）　財政の監督並びに整理

(四) 交通機関の完備
(五) 通信機関の統一
(六) 拓殖事業の計画
(七) 警察権の拡張[52)]

さらに翌年三月四日、目賀田は外務大臣小村寿太郎より財政統一に関する十項からなる韓国財務事項覚書を受取った。この覚書は前年の対韓施政項目をさらに具体化したものである。

目賀田は小村からの命に基づき財政改革に着手することとなった。事業の詳細は次の第二説に明記するが、目賀田が施行した政策は国家運営を行うためには基本的なものであった。

日本が大韓帝国と結んだ協約はアメリカにも認められている。明治三十八（一九〇五）年七月、日本はアメリカと「桂・タフト協定」を締結した。この協定で、日本に朝鮮の指導的地位を認めた。八月には第二次日英同盟により、日本の朝鮮に対する支配権が認められた。九月五日、ポーツマス条約締結により日露戦争は終結し、日本の朝鮮に対する優越権が認められた。

これにより十一月十七日、日本側特命全権公使林権助と朝鮮の外務大臣朴齊純の間で、日韓協約（第二次日韓協約）に調印した。この協約は「韓国ノ富強ノ實ヲ認ムル時ニ至ル迄此目的ヲ以テ」[53)]締結された。第三條で「日本国政府はその代表として韓国皇帝陛下の闕下に一名の統監を置く統監は専ら外交に関する事項を管理する為京城に駐在し親しく韓国皇帝陛下に内謁するの権利を有す」とある。このことからも、統監府は大韓帝国政府の施政改善のための補助的役割を行うというものであった。

そして、協約調印五日後の十一月二十二日、勅令第二百四十号「韓国ニ統監府及理事庁ヲ置クノ件」にて京城に統監府を置き、理事庁を京城、仁川、釜山、元山、鎮南浦、木浦、馬山等に置くこととなった[54]。日韓協約締結に際して帝国政府は翌二十三日、在英、米、独、仏、墺、伊、清、白、丁の九公使に訓令し協約文写に一宣言を添付し之を各任国に通した[55]。同年十二月二十一日、勅令二百六十七號にて統監府及び理事庁官制を公布し、翌二月一日よりその事務が開始された[56]。

統監府の職員は統監の外、総務長官、農商工務総長、警務総長、秘書官（専任一人）、書記官（専任七人）、警視（専任二人）、技師（専任五人）、通訳官（専任十人）属・警部・技手・通訳生（専任四十五人）を置き、当初の定員は統監以下七十四人であった[57]。

初代統監に任命されたのは初代内閣総理大臣伊藤博文であった。事務の開始は明治三十九（一九〇六）年からであったが、伊藤は統監就任前の明治三十八（一九〇五）年十一月十五日、韓国皇帝陛下と謁見している。皇帝陛下は伊藤に対し韓国の現状として「第一財政問題ニ関シテハ日本ハ我ニ必要ノ勧告ヲ與へ、且ツ之ヲ文明的ニ改良セシムルナラン」[58]と財政改革の必要性を説いている。

財政改革に取り組む以前の大韓帝国の財政は、「宮府ノ混同、税制ノ不備、歳出ノ濫発竝幣制ノ紊乱等ニ基因シ久シク紛糾ヲ極メ」ていた[59]。明治二十七（一八九四）年二月十四日には、京城にいる公使大鳥圭介から朝鮮政府改革を急務とする事情が伊藤宛に出されている[60]。日本政府は国民の貧困からの脱却を図るため、統監府設置前から税制改革をはじめ道路・水道改善、病院開設、農事試験場の設置といったインフラ整備及び地方制度の改正に着手した。

しかしながら、宮府の混同、歳出の濫発により大韓帝国の国庫では事業着手が困難であったことから、明治三十七（一九〇四）年四月二十二日に韓国政府に対する貸付金の件が議論された。貸付条件として十一の条件が出された。この第一條で、「日本国政府ハ韓国財政ノ整理ヲ以テ同国政治ノ改良国力ノ発達上第一ノ要件ナリト儀スルヲ以テ右目的ニ供スル為メ金千万円ヲ韓国政府ニ貸付スヘシ」61) と記されている。

明治三十九（一九〇六）年三月十三日、統監官舎において韓国施政改善に関する協議会が開催された。この会議には統監である伊藤をはじめ、参政大臣朴齊純、学部大臣李完用、度支部大臣閔泳綺、内部大臣李址鎔《りしよう》、法部大臣李夏榮、農商務大臣 權重顯《けんじゅうけん》、財務顧問目賀田が参席した。この会議では教育機関の設置、施政改善のための資金借款について議論された。ここで目賀田は「資金ノ如キモ時々五萬十萬ノ小借款ヲ為スルハ不得策ナリ故ニ一千萬圓ノ借入契約ヲ結ビ差向五百萬圓ヲ入手シ残金ハ必要ニ應シ入手スル事トナセハ可然ト存ス」62) と述べている。

これを受け統監府は大韓帝国当事者に、大韓帝国に対し「関税収入ヲ担保トシ年利六分五厘手取九拾圓五年据置ノ後五ヶ年間ニ償還スルノ条件ヲ以テ日本興業銀行ヨリ金一千万借入契約ヲ締結セシメ半額ハ即時ニ半額ハ他日必要ノ場合ニ之ヲ受取ルコトト」63) した。明治三十九（一九〇六）年度における分配は次のとおりである。

道路改修	百四十九万六千円
仁川水道	百万円
教育拡張	五十万円
農工銀行補助	八十万円
平壌水道	五十万円
病院建設	二十万円
計	四百四十九万六千円[64]

統監府がまず行った政策が流通を促すための道路改修や水道といったインフラ整備であった。道路開削について施政改善会議で議論になったが、伊藤は「農業ハ交通ノ便ニ依リテ発達ス物産アリト雖之ヲ輸送スル道ナケレハ不可ナリ」[65]と開削の重要性を説いた。つまり収穫した作物を流通させるための道路が乏しかったのである。この外、通信、鉄道事業促進、学校設置なども行っている。

しかしながら、赤字財政であった大韓帝国の状況では、政策を施行する歳出は到底賄えないものであった。そこで日本政府は「明治四十五年度迄ヲ財政上ノ補助ヲ韓国政府ニ供與スルノ必要ヲ認メ豫算外国庫ノ負擔トナルヘキ契約ヲ為スヲ要スル件」[66]として不足分を立て替えることとした。その結果、明治四十（一九〇七）年度以後の不足を補填した総額は千九百六十九万二千六百二十三円であった。明治三十八（一九〇五）年より行われた統監府に対する貸付金の内訳は表２－１のとおりである。

表 2-1 旧韓国国債現在額（明治 42 年 12 月末日）（単位：円）

名称	国庫証券	貨幣整理資金債	金融資金債	第一起業資金債	第二起業資金債	起業公債	日本政府借入金	貨幣整理資金借越	総計
発行及借入年月	明治38年6月	同年6月	同年12月	同39年3月	同41年12月	同年12月	—		—
発行及借入額	1,000,000	3,000,000	1,500,000	5,000,000	12,963,920	1,000,000	11,682,625	7,979,910	44,126,453
利子歩合	7分	6分	無利子	6分5厘	6分5厘	6分	無利子	6分	
据置年限	3箇年	6箇年		5箇年	10箇年	5箇年	—	—	
償還年月	明治43年6月	同48年6月	同45年12月	同49年3月	同66年12月	同56年12月	—	—	
担保種類	国庫収入	関税	—	関税	同	—	—	—	
摘要	総額200万円の内100万円償還済				外に将来受取るべき分520万円あり		外に将来受取るべき分520万円あり		

出所：朝鮮総督府『総督府年報４（明治 42）』朝鮮総督府、明治 44 年、956-957 ページ

統監府による施政改善に関する協議が始まる以前から、財源確保のために財政改革が行われた。目賀田は貨幣整理、金融機関の整備など施行したが、まず着手したのが宮中（皇室）と府中（政府）との財政分離であった。

宮中は、立法上絶大なる権力を有したのみでなく、人民の生命の財産をも危からしめ、時に政府の権限をも無視し、国家財政の紊乱と国運衰退の最大原因となった[67]。財政上において徴税の主体を為し自ら徴税官を派して各種の雑税を徴収し無名の賦課を強い隠然国庫に対立するの地歩を占[68]めていた。

また貨幣を管理する典圜局は宮内府の所属であるが、度支部大臣にも協議せずして、貨幣を濫鋳発行し、同局官吏が往々貨幣の極印寫を私売して私腹を肥やしていた[69]。そこで幣制改革の一端として、明治三十七（一九〇四）年同局の廃止を決定した。さらに王妃であった閔妃や宮中も貨幣の乱鋳を行い、さらに売官買職を行うことで国家財産の破壊まで追い込んだのである。実際、日本が保護国化する前の収支はマイナスであり、収支をプラスにすることが目賀田の最初の仕事であった。そこでまず宮中府中の混淆革正にあたり、宮内府と協議の上、五大綱目を決定した。

第一、皇室費は定額とし、其の内容は度支部に於て査定せざる代りに、皇室所要の一切の経費は宮内府之を所辨し、爾今政府に負担を嫁せざる事。

第二、免許、特許、其の他一般行政官廳の所管に関する事に就ては、宮内府は一切関與せざる事。

第三、宮内府所管の耕地、建物等にして、政府の所管と為すべきものは、之を政府に移管する事、之が為に皇室有国有財産調査会を設けて所管を決定する事。

第四、人参専売は政府に移すこと、並に地方の無名雑税、其の他課税に関する事は一切廃止し、全然政府の徴税権内に置く事。

第五、宮内府と政府と関連せる事柄にして、政府より経費の支辨を擁するものある時は、予算を定めて予め度支部に交渉し、其の承認を受けたるものに非ざれば、如何なる事由ありとも政府は何等の負担の責に任ぜざる事[70]。

上記の五大項目を施行し徐々に改善するも宮中に出入りし、陰謀を企て皇帝に意見する者がいた。特に「術客巫女ノ徒亦頻ニ宮中ニ入リテ妖言ヲ恣ニシ宮中些細ノ事一ニ此輩ノト筮祈祷ニ依リテ決スルハ勿論、彼等ハ策士ノ操ルカ儘ニ若クハ自カラ進ンテ政治ニ容喙シ其害毒一ニシテ止マラス」[71]大韓帝国の秩序を乱す原因であった。そこで明治三十九(一九〇六)年七月七日、「宮禁令」を施行し、宮殿及び宮門の出入りを粛清した。これにより一定の官職を有する者の外は宮中の出入りを禁止するとともに、出入りは必ず門票を交付することとなった。

政策推進により、大韓帝国が財政赤字から抜け出したのは表2-2からわかるとおり隆熙三(一九〇九)年であった。日本が大韓帝国の施政改善を遂行してわずか四年で黒字に変えたのである。

表2-2　大韓帝国財政状況(単位：円)

		光武9年	同10年	隆熙元年	同2年	同3年
歳入	経常部	7,480,287	7,484,744	9,916,322	13,410,347	15,155,403
	臨時部	-	-	6,542,438	9,862,889	11,231,242
	計	7,480,287	7,484,744	16,458,760	23,273,236	26,386,645
歳出	経常部	7,123,815	6,324,338	10,193,276	14,714,934	18,165,475
	臨時部	2,433,021	1,643,050	7,182,675	8,637,923	8,173,955
	計	9,556,836	7,967,388	17,375,951	23,352,857	26,339,430
差額		−2,076,549	−482,644	−917,191	−79,621	47,215

出所：韓国度支部『韓国財政状況』韓国度支部、明治４２年

目賀田が財政分離と共に行った政策は貨幣整理であった。この貨幣整理事業について梶村秀樹は「朝鮮の貨幣体系を日本のそれに従属させるためのものでありまた、その実施過程で生起させた金融恐慌により、朝鮮ブルジョアジーに大きな打撃を与えた」[72]と、事業自体を批判しているが、どのように影響があったのか詳しい記述はない。梶村が指摘するように、目賀田が推進した貨幣整理は日本に従属させるためであったのだろうか。

当時の朝鮮では市場経済が成り立っておらず、統一通貨がなかった。使用していた主な通貨は葉銭と補助通貨の白銅貨であり、国境沿岸地方では清銭や露貨も使用されていたが、金貨や銀貨は存在しない。この葉銭及び白銅貨は地域別に流通しており、全羅道の如きは葉銭流通の区域にして京畿道平安道は白銅貨を使用していた[73]。また質の悪い銅銭が一ドルに対して五百枚の為替レートで商業取り引きの大きな障害となっていた[74]。硬貨の真ん中に穴が開いており、一定の数を集めて紐で通すことから持ち運びも一苦労だった。そのため相当量の支払いをするためには、一群の担ぎ人夫が必要[75]であった。

先に述べたとおり、宮中などが貨幣の濫鋳を行ったことで国家財政の破綻にまで追い込まれていた。これに対して統監府は、典圜局の官吏による貨幣の極印写の私売を排除するため、宮中の所管に係る典圜局を廃止した。そして金本位制を採用し、白銅貨を廃止し、統一通貨を日本の円にし、貨幣整理を行うことにした。その方法としては、

(イ)　韓国の通商上及び交通上最も密接なる関係を有するのは日本国であるから、韓国の貨幣本位

は之を日本と同一にすること。

（ロ）　韓国貨幣制度の整否に最大なる利害関係を有するものも亦日本であるから、韓国政府は日本政府若しくは日本政府の保証を以て資金を借り入れ、新に貨幣制度を確立するを急務とする76)。

まず明治三十八（一九〇五）年七月より白銅貨の引き上げが開始された。国庫金の取り扱いに関しては株式会社第一銀行と契約を結び、中央金融機関の任に当たらせた。貨幣整理に関しては同行との間に貨幣整理に関する契約および整理金借入契約を結び、貨幣資金三百万円を借り政治事務を委嘱した。貨幣の回収は明治四十年には大部分が終わり、翌年の二月度支部例を以て同年十一月の末日を期限とし其の交換を停止し、以後通用を禁止77)した。旧白銅貨は京城・平壌・仁川・群山・鎮南浦の五カ所の貨幣交換所において、新貨幣と交換され、各農工銀行・地方金融組合で回収された。

明治四十三（一九一〇）年八月の日韓併合により、旧韓国政府の金庫事務は京城本金庫に引き継がれたが、貨幣整理事務は第一銀行貨幣整理部が継続して行った。任務にあたった貨幣整理部は殆どの旧貨が回収され、新貨幣の円滑な流通が見られるとし、明治四十四（一九〇六）年に閉鎖された。

地方金融組合が貨幣整理事業に関与したのは明治四十一（一九〇八）年からで、大正十二（一九二三）年に終わりを告げる。しかし組合員のために韓国新旧貨の政府での通貨引換機関とされた大正十四（一九二四）年度までは交換に応じた。この新貨幣の製造は大阪造幣局に委嘱された。

葉銭は明治四十（一九〇七）年より漸次引上げの方針をとり、先ず租税として回収の方法を定め、その後買上及び交換を行い、徐々に流通高を減少させた。隆熙二（一九〇八）年六月勅令を以て之か通用価格を一枚に付貳厘とし一円迄は法貨として通用を認め七月一日よりこれを施行[78]した。

貨幣整理事業開始から貨幣整理部閉鎖に至るまでの回収額は、葉銭百九十三万九千八百四・〇六九円、旧白銅貨二十五万三千四百七十二・四円であった。地方金融組合ではその後も通貨の交換に応じ、新貨幣の流通に尽力した。このように、貨幣整理事業で統一通貨を流通させることで貨幣制度の根本を確立するに至った。目賀田が推進した貨幣整理は日本の円に従属させるためではなく、国家の基礎をつくるための政策であった。

次の節では財政政策の一貫として施行された土地調査事業について検証したい。

第二節　土地調査事業の実施

明治四十三（一九一〇）年から大正七（一九一八）年まで実施された土地調査事業は、土地制度及び地税制度を確立させ、土地の所有権を明らかにし、財源を確保するために実施された。しかしながら、この事業は朝鮮史研究者の中で「朝鮮を支配するためには、その命綱である農地を奪うことが必要でした」[79]とも言われている。さらに事業後、土地の一部が日本人に払い下げられたことから、収奪のための事業であったと唱えられている。韓国側でも土地調査事業は土地掠奪政策であり、日本が朝鮮を本格的に植民地化するための制度であると主張している。

だが、土地調査事業は何も朝鮮半島のみで行われた特別な事業ではなく、日本では地租改正が行われ、台湾においても土地調査が実施されている。土地の所有者を明らかにすることは、税収入者を把握するためには必要な政策であり、何も統監府及び総督府が特別なことをしたわけではないのである。

前述したように、目賀田が財政顧問として就任した当時は赤字財政であり、日本から国庫補充を行っていた状況であった。そのため、地籍の整理、土地所有権の確定、課税の公正が急務だとし、これらを試行するために土地測量が必要であった。では、土地調査事業施行以前の朝鮮半島の土地制度は如何なるものであったのであろうか。

朝鮮半島において土地が国有化されたのは新羅が三国時代を統一してからであり、それ以前は種族ごとに土地を所有していた[80]。ここから、朝鮮総督府臨時土地調査局による土地調査が開始される明治四十三（一九〇八）年まで、田制の改革は何度かあったものの、主な土地は国有であった。また、土地調査そのものは明治三十一（一八九八）年に行われていたが、国有化というのは便宜上であり、実際は私田の民有化や公田であっても民田の様相を備えているものが存在していた。

この土地制度は「班田制」という手法を用いており、一般人民には二十歳に達すると班田を給し、六十歳に達すると給与された班田を国家へ返上するという制度である。一般的に国有化と言えば、中国のようにすべての土地が国家の物となるのが当たり前である。然しながら、朝鮮半島においては、高麗中世以降は制度があまり機能していなかった。一度班給された土地は、恰《あたか》も私田の如く子孫に相続された[81]。

そうなると必然的に農民が直接所有する土地はほぼないに等しく、耕作権又は収租権を許与されたことに過ぎないことになる。また彼ら農民が土地を耕作する場合、彼らの社会的位置は勿論小作人であるに相違ない[82]。福田も「土地に対しては唯漠然たる共有の観念あるのみ」とし、「韓国には土地所有の観念ないし、韓国には土地所有者なし。若し強て所有者を求む可しとならばそは王室歟」[83]と述べている。

このような状況のもと、目賀田が土地調査の必要性を説いてから実際に事業実施に至るまで五年を費やしている。土地調査を行う前に測量技術者は明治三十八（一九〇五）年、土地測量技術者養成講習を行うよう、在韓匿名全権公使林権助から目賀田種太郎に宛て機密文書が出されていた。講習には韓国人二十八名が志願採用されている。外務省記録「韓国測量技術者養成一件」に採用された者の履歴書がいくつか掲載されている。これを見ると、度支部技手及び量地衙門委員で占められており、ある程度測量に関して知識のある者が参加したことがわかる。

統監府は明治四十三（一九一〇）年三月、韓国政府において土地調査事業の施行を企画し、土地調査管制を発布した。そして臨時財産整理局測量課において土地調査実施準備の必要上大邱、平壌、全州の各所に出張所を設け[84]、事務を行わせた。測量の方法は小三角測量を基本として該規を編成し、尺度は米突法を採用した[85]。事業計画は総経費千四百十二万九千七百七円を以て七年八か月の期間内に完了するというものであった。

しかしながら、日韓併合に際し、一旦中止するも同年十月、朝鮮総督府臨時土地調査局管制を公布し、事業の成立となった。目的は土地制度及び地税制度の確立のためである。

土地調査事業を大きく分けると、(一) 土地所有権、(二) 土地の価格、(三) 土地の形貌の三つの調査が行われた。土地所有権の調査は林野以外に付土地の種類地主等を調査して地籍図及土地調査簿を調整し土地の所有権及其の境界を査定[86]した。

臨時土地調査局職員については明治四十四年二月十日、枢密院で「朝鮮総督府臨時土地調査局職員特別任用令」について議論された。そこでは、「税務又ハ土地ノ調査測量等ニ経験アル者又ハ相当学術上ノ素養アル者等ヲ各其ノ程度ニ応シ事務官、監査官メハ書記ニ任用スルコトヲ得シメムトスル」とした。これを受け、同月二十四日、勅令第十二号「朝鮮総督府臨時土地調査局職員特別任用令」が出された。最終的に大正七（一九一八）年十一月を以て完了し、同月五日勅令第三百七十五號を以て臨時土地調査局官制及道地方土地踏査員会官制を廃止[87]した。これにより臨時土地調査局は閉局に至った。

この土地調査事業により財政の基礎を確立し、財政を立て直すための準備段階が終了した。次の節では朝鮮農民を救済するために尽力した地方金融組合について明らかにしたい。

第三節　地方金融組合の設立

従来朝鮮においては金融機関なるものは存在しなかった。明治十一（一八七八）年五月第一銀行が釜山に支店を設立[88]したことに始まる。その後、第一銀行の他二、三の内地銀行が釜山、元山、その他の開港地および京城の他内地人[89]集団地に支店や出張所を設置した。その後、大韓天一銀行・漢城銀行・韓一銀行が朝鮮人によって京城に設立された。しかしながら、地方部落では「殖利契」や「貯金契」なるものは存在したが、民間金融の需要を満足させることができなかった[90]。

明治三十九（一九〇六）年三月、目賀田は農工銀行条例を発布し、農工銀行を設置した。これにより、設置所在地においては金融の利便を図ることが可能となったが、上流階級の一部の者の利用に限られ、庶民や大多数の一般下級農民はほとんど利用できず、徴税制度に関しても著しく農村金融を圧迫するものになった。また朝鮮の小作農は収穫で得た多少の収入もすぐに売却し旧債の償却に充てていた。そこで農村金融を緩和し、農業の発達を図るために設置されたのが「地方金融組合」である。

明治四十（一九〇七）年五月三十日、「勅令第三十三号」を以って地方金融組合規則を発布し、六月二十八日に設立許可となったことから、光州をはじめ各地に設立することとした。この制度はドイツのライファイゼン式の協同組合と産業組合を合わせたような性質である。産業組合は一九〇〇年に発布された産業組合法により設立された。これは品川弥次郎、平田東助等が視察したドイツの産業組合が基となっている。地方金融組合規則は次のとおりである。

（一）地方金融組合は農民の金融を緩和し農業の発達を企図するを目的とする社団法人とす。

（二）地方金融組合は一郡又は数郡内に住所を有し農業を営むものを以て之を組織す。但し其設立区域は第十三条の規定による。

（三）地方金融組合の責任は其の財産を以て限度とす。

（四）地方金融組合は次の業務を営むものとす。各組合員に対し農業上必要なる資金の貸付を為すこと、各組合員の為に其の生産したる穀類を倉庫に保管すること。

この他に付帯業務として、「組合員に対し種苗、肥料、農具等農業上必要なる材料を分配又は貸与すること」、「各組合員の為に其生産物の委託販売をなすこと」など全十四条あり第十三条においては、「地方金融組合の設立に関する方法は度支部大臣之を定む」とされている。

資金貸与については、第四条の業務の欄に次のとおり記されている。

（略）

４、貸付金額ハ一ニ付五十円ヲ限度トシ可成小額宛ヲ多人数ニ融通スルノ方針ヲ執ルベシ、著シ巳ヲ得ズシテ此ノ限度ヲ超過セントスル場合ニハ監督官ノ承認ヲ経ルベキコト

5、利率ハ地方ノ慣行ヲ参酌シ多少之ヨリ低率ニ定ムベキコト
6、貸付期間ハ六箇月ヲ超過スルコトヲ得ザルコト
7、貸付金ハ之ヲ不生産的ニ消費セザル様努ムベキコト
8、貸付金ガ果シテ貸付ノ目的ニ使用セラルルヤ否ヤ厳ニ注意監督スルノ要アルベキコト
9、多額ノ貸付ヲ請求スル者アル場合)ニハ之ヲ農工銀行ニ紹介スル等業務執行上常ニ農工銀行ト連絡ヲ保ツコトニ注意スベキコト

政府は各組合に対し、その資金として一万円を無利子にて貸下げ、理事を推薦し、二、三の組合を通じて農業技手各一名を配置し、監督指導に当たらせ経費の大部分は国庫より補助することとした。即ち信用組合と農業協同組合を合わせたような役割を担っていたといえる。組合員の資格として（一）設立の趣旨は農民の経済状態を救済するにあるが故に組合員は小農即ち小作人を以てこれを組織する（二）地主は単に土地の所有者なりと言うに過ぎずして多くは農業関係なき物なるが故にこれ等は加入を避けることなどがある。また元々朝鮮農民救済を目的として設立されたことから、内地人の組合加入は認められなかった。

地方金融組合は、全国の枢要地点十ヵ所を選び設立した。その第一号として、明治四十年六月二十八日に全羅南道光州地方金融組合が開設された。この地方金融組合は、総督府財務局の管轄下とされた。組合設立に際し組合の理事として東洋協会専門学校（現在の拓殖大学）の卒業生三十名（五期十八名、

表 2-3 東洋協会専門学校卒業生 30 名

名前	期	赴任先	名前	期	赴任先
井上充亮	4期	平壌財政顧問支部	陸川辰之助	2期	大邱財政顧問支部
山根　譓	5期	平壌財政顧問支部安州分庁	松田文雄	5期	大邱財政顧問支部尚州分庁
菊池一徳	4期	全州財政顧問支部	土屋泰助	5期	光州財政顧問支部順天分庁
小川一三	5期	全州財政顧問支部南原分庁	堀内光芳	5期	光州財政顧問支部済州島分庁
萩原周三	5期	海州財政顧問支部端興分庁	遠藤与七郎	4期	鏡城財政顧問支部
内田繁由	5期	海州財政顧問支部松禾分庁	佐下橋鉾次郎	3期	忠州財政顧問支部清州分庁
矢後啓三	3期	水原財政顧問支部	古市政之	3期	寧辺財政顧問支部義州分庁
芳野五郎	3期	水原財政顧問支部開城分庁	栗原斐	5期	寧辺財政顧問支部江界分庁
高田政雄	2期	晋州財政顧問支部	藤本周三	5期	公州財政顧問支部
中村孝嗣	5期	晋州財政顧問支部密陽分庁	井田魯一	5期	公州財政顧問支部鴻山分庁
境　伊勢次郎	5期	平壌財政顧問支部昌原分庁	吉永卯吉	5期	公州財政顧問支部洪州分庁
加藤　諶	3期	咸興財政顧問支部	野村金兵衛	5期	春川財政顧問支部
奥田種彦	5期	光州地方金融組合	小島三郎	5期	春川財政顧問支部
高取為吉	3期	光州財政顧問支部羅州分庁	松木清司	5期	平壌財政顧問支部徳川分庁
杉山信雄	5期	光州財政顧問支部霊巌分庁	田中十吉	5期	会寧財政顧問支部

出所：拓殖大学百年史編纂専門委員会『拓殖大学百年史　明治編』
拓殖大学百年史編纂専門委員会、平成 22 年、236-237 ページ

二期から四期十二名）が選ばれた。この三十名の赴任先は表2－3のとおりである。彼らが理事として選ばれた理由を、『男爵目賀田種太郎』では次のように記されている。

韓国の経済状態と金融組合の使命とに鑑み、理事者の任に充つるには、假令世事に疎くとも、正直にして純真、事に当たって熟誠なる青年が適任である、文物の遅れたる韓国農民を指導するには、浅くとも広く各般の知識を有するものでなければならぬ[92]

正直で純粋、誠実な青年が適任であり、広範囲の知識を有する者でなければならぬというのが理事選出の条件であった。東洋協会専門学校は、明治三十三（一九〇〇）年に設立された台湾協会学校を前身とし、明治四十（一九〇七）年に改名された。建学の理念は、「新領土経営に要する往邁敢為の人材を養成し、彼らの交情を調和便安させ、殖産興業の発展を裨補する」であった。一九〇五年、日露戦争の勝利により朝鮮半島を保護国とすることが決定すると、台湾のみでなく朝鮮へも目を向けることとなり、科目に朝鮮語が設けられた明治四十年十月一日、京城に分校となる東洋協会専門学校京城分校（後に東洋協会京城専門学校、東洋協会京城高等商業学校へと改称、現在のソウル大学経済大学のルーツとされる）が開校された。所在地は京城府大和町一丁目二十四番地で、現在のソウル特別市中区筆洞一街二十四番地に設置された。

この分校の初代学監に就任したのが河合弘民で、九年間従事し、学生の育成のみでなく朝鮮研究も行った。東洋協会専門学校では朝鮮語科三年生を京城分校に派遣し、一年間朝鮮の開発に必要な学科を学習することとされた。また東洋協会は、白鳥庫吉が組織した亜細亜学会と合併して東洋協会調査部を設立した。調査部ではアジア諸国の歴史、地理、宗教などを研究し、『東洋学報』を発刊した。初代統監である伊藤は彼らに朝鮮への援助と人材育成を期待し、

東洋協会は一般事業の研究に力を盡し将来の指南針とならんことを望む、政治は直接の生産力にあらず、生産力は実業の力に俟たざるべからず、資本と栄力の原動力は人なり、物質的の原動力を利用するものは人なり、これ等は専門的才能、専門的智識、専門的技術に俟たざるべからず、東洋協会は将来に劣らずこれ等に要する人才を養成し日本が韓国保護の任に当たれる責務を全うする上に於て十分援助あらんことを望む[93]

と述べている。

理事に任命された青年たちはすぐに各金融組合へ派遣されるわけではなく、まずは理事見習いとして理事になるための訓練を受ける。大抵三十人くらいで宿舎にはいり、農事訓練、朝鮮語の勉強、試験などを受ける。講習の期間は入る時期によっても異なったようであるが、大抵三〜六ヶ月であった[94]。だがその後、各組合に派遣されてからも、長い者で三年見習いとして働いた青年もいた[95]。また、朝鮮では地方の儒生両班などの排日運動をはじめ暴徒・匪徒が多く出没していたことから、理事に対し銃の携

行が許可されていた。暴徒らは京城をはじめ江原道、忠清道、京畿、全羅道と広く横行していた。五期生の奥田種彦が赴任する光州付近は暴徒の巣窟であった。明治四十一（一九〇八）年五月二日、奥田自身も出張先の光州で「白昼暴徒に狙撃され、漸く虎口を脱した」96)。大正四年に東洋教会専門学校を卒業し、大正六年十二月に陽徳金融組合理事となった重松髜修《しげまつまさなお》は、在職中の大正八年三月に起きた万歳騒擾で右大腿部に貫通銃創を負っている。このように、彼らは命がけで理事の任務にあたっていたのである。

地方金融組合は大正三（一九一四）年、時勢の進運に伴い以前の地方金融組合規則に改正を加え、新たに地方金融組合令を公布し、組合員の権利義務を明らかにし、業務の範囲も拡張した。この改正により、組合員に対して有限責任出資（一口十円）の義務を負わせると共に、余剰金の配当（年七分内）を認めた。これにより、農民たちの団体意識の向上や組合に対する義務感を養おうという思惑があった。また新たに貯蓄奨励を兼ねた預り金の取り扱いが行われるようになる。その他、当初貸付金額は一人に付き五十円を限度としていたが、特殊な使用（自作用土地購入、耕牛買入金など）の貸付に関しては百円まで拡張できることとした。農工銀行業務の取扱いに関しては、媒介業務のみならず、代理業務も行えるように変更し、金融業へ力を入れ始めた。さらに、これまで組合員を朝鮮人のみに限定していたが、改正以降は内地人も加入可能とした。

大正七（一九一八）年、六月二十七日、制令第十三号を以って地方金融組合は朝鮮金融組合と形を変えることとなった。当時の度支部長官鈴木穆による改正令に関する説明を要約すると次のとおりである。

朝鮮に於ける地方金融組合は地方農民の金融を緩和し農事の改良発達を企画する為、旧韓国政府の下で設立された。大正三年五月新たに地方金融組合令を発布し、今回更に改正を加え、名称を金融組合と称することにした[97]。

この改正では、名称の変更のみならず、府及び総督の指定する市街地を区域とする都市組合の設立を認め、貸付金の限度額を無くした。さらに地方金融組合において付帯業務とされた委託販売、共同購入が廃止されるなど、大きく業務内容が改められた。

これらの業務は理事を中心に行われた。だが、当初は少なかった組合員の数が徐々に増加すると、理事だけでの遂行は困難となり、小作農以下の農民たちは組合の下に位置する契に所属した。また金融組合は、各道に設置された農村指導の中堅人物養成のための農民訓練所とも連携をとり、金融組合に関する知識の普及に努めた。

以上述べてきた金融組合の農民改革の手法と精神は、農学者である二宮尊徳と関係が深い。二宮は天明七年（一七八七）年、相模国足柄上郡栢山《かやま》（現在の神奈川県小田原市栢山）で長男として誕生した。父利右衛門と母よしの間に生まれ、幼名を金次郎という。二宮家は、もともとは貧乏な家柄ではなかったが、寛政三年の酒匂川の大氾濫で、水田は殆ど流された[98]。これにより家庭状況は貧しくなった。二宮は農作業を手伝う傍ら、夜は縄や草鞋を編み、朝未明、霧立ち迷う山に入り、薪を採りつつ柴刈りつつ、帰途は其れを売代[99]とし生計の助けとした。

二宮は若干十四歳で一家を背負うこととなり、十六の時に母までも亡くなり伯父の家に身を寄せた。昼間は家の手伝いをし、夜は寝る間を惜しんで書を読んでいたが、伯父に油灯がもったいないと言われ、自ら菜種を蒔き、菜種油と交換し勉学に励んだ。また、人が捨てた苗を拾い、開墾した土地に植え耕作した。秋に米一俵収穫でき、収穫した米を種として苗を作るという作業を何回か繰り返した。ここで彼は、「小を積んで大と成す」ことを実感した。その後、一刻も早い独立を望んだ二宮は伯父の家を出て働いた。その金で毎年失った田畑を少しずつ買い戻し、二十四歳で再興を果たした。

二宮は小田原藩の服部家をはじめ多くの町を再興した。事業を推進する中で、困窮した藩士を救済するための「五常講」という現在でいう一種の信用組合を設立した。これが報徳善種金とよび報徳主義の基礎となった。五常とは、仁義礼智信を指す。困っている人を助けようとする仁の心。義は正義を貫き、筋を正すこと。助けてもらった礼に、何かを返そうとする礼の心。そのために工夫して考える知の心。信とは誠・真心・信頼の心を指す。

また、彼は復興事業の計画を立てるのみでなく、毎日町を練り歩き百姓たちの中に入り同じような生活を行った。自分で実践することから農民たちに学ばせようとしたのである。

二宮の思想を集約すると次の四点が挙げられる。

一、　貸すのも、借りるのも道徳によってなるもので経済的行為は道徳を枢軸として運用される

二、　検素、勤勉であること

三、　分度を厳守する
四、　自分のためでなく、人のため国のために尽くす

以上のような二宮の意志は門下生たちに受継がれた。その中の一人岡田良一郎は、明治四十四年に大日本報徳社を設立し現在も報徳精神が啓発されている。二宮が再興する際に重要視した勤勉、自助の精神は地方金融組合にも受け継がれていたのである。その証拠に朝鮮金融組合が出していた冊子「金融組合」にはたびたび二宮の言葉が掲載されていた。

後に日本で産業組合を設立する際、当時内務大臣であった品川弥次郎と平田東助により信用組合提要がなされた。この時、「報徳社は其基礎鞏固にして、稍信用組合に類する所がある」[100]として報徳精神及び報徳社について学んだ。

前述のとおり、金融組合は明治四十年の設立当初は十ヵ所から始められたが、図２－１から読み取れるように、昭和十七（一九四二）年には本所と支所を合わせると九百六ヶ所にまで増えている。組合員も明治四十（一九〇七）年の一万五千六百十六人から昭和十八（一九四三）年には二百五十一万五千六百九十一人にまで増加した。朝鮮半島における金融組合の分布は、図２－２によって明らかである。朝鮮半島の地図上に点在する黒点が金融組合の位置を示しているのであるが、半島を埋め尽くすかの様な数の多さである。済州島を含め小さな島にも金融組合の存在が確認できる。このことからも、末端の地域まで設立されていたことが伺える。この図は昭和十七（一九四二）年度における金融組合の分布状況

を示しているため、終戦間際では多少の違いがあるであろう。また、南側に集中している要因として、全羅道が朝鮮の肥沃の地であったこと、北側は平野が少なかったことが挙げられる。

金融組合は時代に合わせ業務内容を変化した。しかしながら、二宮尊徳の勤勉、自助の精神は継承される。設立目的からもわかるように、地方金融組合は農村の発展、農民救済のために設立された機関であり、決して収奪・搾取を念頭においたものではなかった。また、朝鮮に渡った理事たちは暴徒の襲撃の危険性がありながらも、命がけで任務に当たったのである。

地方金融組合が奨励した副業及び貯蓄事業については次の第三章で詳しく述べていきたい。

図 2-1 金融組合の組合数及び組合員数の推移

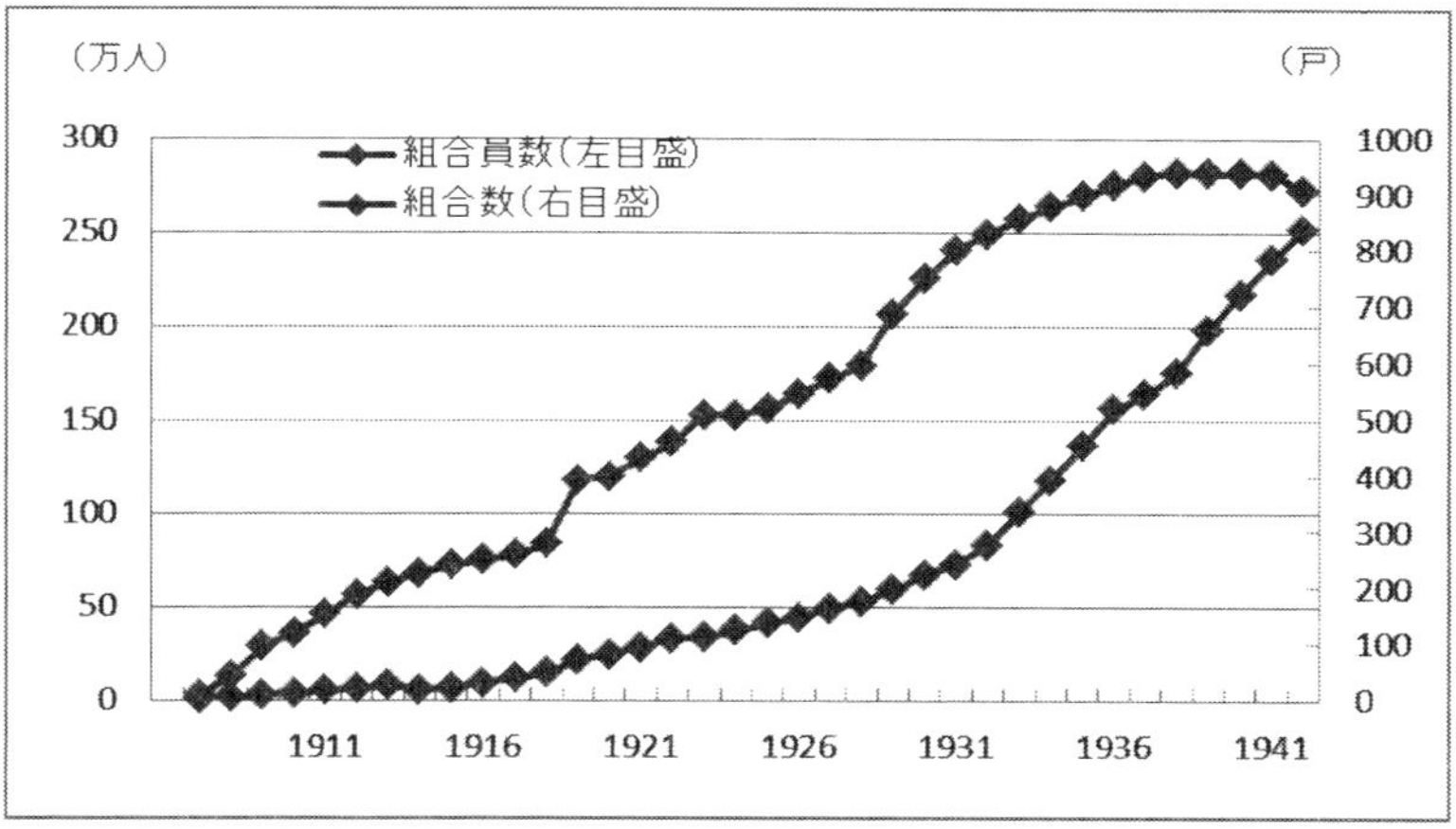

出所：朝鮮金融組合連合会「朝鮮金融組合統計年報」昭和 19 年より
著者作成

図 2-2 昭和 17 年度　金融組合分布状況

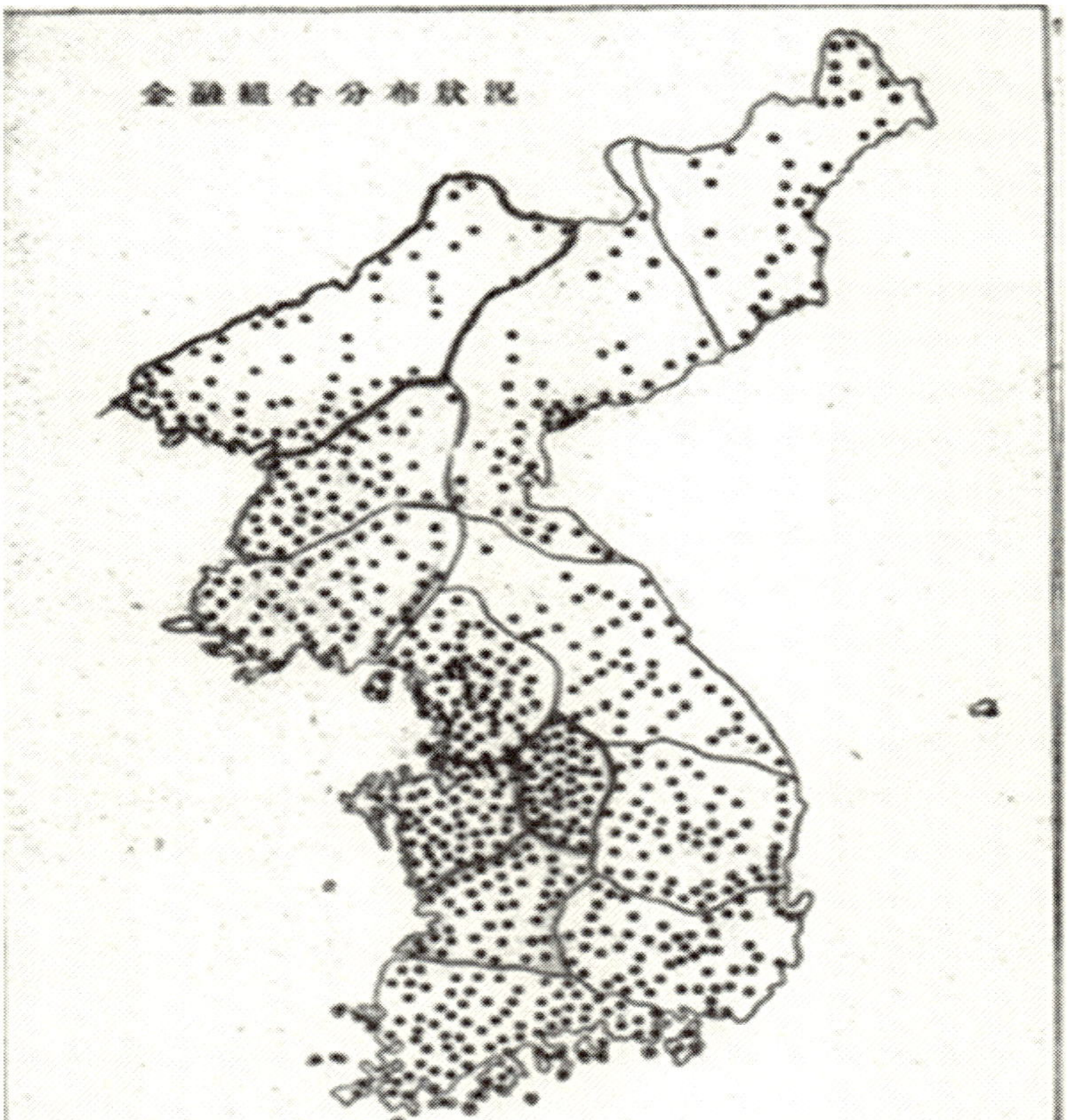

出所：朝鮮金融組合連合会『朝鮮金融組合統計年報』昭和 19 年

第三章　朝鮮総督府による朝鮮統治の実態

第一節　朝鮮総督府が目指した朝鮮統治とは

大韓帝国の施政改善を推進した統監府であったが、排日を唱える者や暴徒が後を絶たず、治安の安定を図ることが困難であった。明治四十（一九〇七）年、オランダのハーグで開催されていた万国平和会議に密使を送り、外交権回復を訴えようとした通称ハーグ事件が起こった。この事件をきっかけに、対韓対策として日本国政府は韓国内政に関する全権を掌握することを希望するようになった。また明治四十二（一九〇九）年十月には、ハルピン駅で前統監伊藤博文が銃殺されるという事件が起きた。これは排日を叫ぶ韓国人にとって喜ばしい出来事であった。しかし、李容九を会長とする政治結社一進会[101]は、この事件を機に日韓併合を企画することとなった。一進会は同年「韓日合邦を要求する声明書」を大韓帝国皇帝純宗[102]、首相李完用、統監曾禰荒助に提出した。この一進会の動きに対してソ連教徒、大韓協会及び天道教派等は反対の意を示し、両班等も併合に反対した。

大韓帝国内において併合反対する声が多い中、明治四十三（一九一〇）年七月八日、内閣総理大臣桂太郎より適当な時機に併合を断行するよう通牒が出された。これを受け翌月二十二日、統監寺内正毅と李完用により「日韓併合に関する条約」が締結調印された。第一条において、「韓国皇帝陛下は韓国全部に関する一切の統治権を完全且永久に日本国皇帝陛下に譲与す」と記され、統治権が日本に移った。条約調印に基づき、八月二十九日に公布された勅令第三百九号を以て、統監府に変わり総督府を設置した。

さらに条約公布と同時に、勅令第三百十八号を以て国号を「大韓帝国」から「朝鮮」と改めた。これ以降、日本が大東亜戦争により敗戦する昭和二十（一九四五）年まで約三十五年間、総督府政治が続いた。この間に総督府が施行した事業は行政・地方自治制度の改革、司法改善、教育制度の樹立、交通・運輸・通信の確立、産業施設の構築など多岐に亘るが、主に基礎的な部分の確立に力を注いだ。

大韓帝国を併合するに際し、併合同年七月八日「韓国併合実行ニ関スル方針」が内閣より出された。方針内容は以下のとおりである。

一、朝鮮ニハ当分ノ内憲法ヲ施行セス大権ニ依リ之ヲ統治スルコト

一、総督ハ天皇ニ直隷シ朝鮮に於ケル一切ノ政務ヲ統轄スルノ権限ヲ有スルコト

一、総督ニハ大権ノ委任ニ依リ法律事項ニ関スル命令ヲ発スルノ権限ヲ与フルコト但本命令ハ別ニ法令又ハ法律等適当ノ名称ヲ付スルコト

一、朝鮮ノ政治ハ努メテ簡易ヲ旨トス従テ政治機関モ亦此主旨ニヨリ開発スルコト

一、総督府ノ会計ハ特別会計ト為スコト

一、総督府ノ政費ハ朝鮮ノ歳入ヲ以テ之ニ充ツルヲ原則ト為スモ当分ノ内一定ノ金額ヲ定メ本国政府ヨリ補充スルコト

一、鉄道及通信ニ関スル予算ハ総督府ノ所管ニ組入ルルコト

一、関税ハ当分ノ内現行ノ儘ニナシ置クコト

一、関税収入ハ総督府ノ特別会計ニ属スルコト
一、韓国銀行ハ当分ノ内現行ノ組織ヲ改メサルコト
一、合併実行ノ為メ必要ナル経費ハ金額ヲ定メ予備金ヨリ之ヲ支出スル
一、統監府及韓国政府ニ在職スル帝国官吏中不用ノ者ハ帰還又ハ休職ヲ命スルコト
一、朝鮮ニ於ケル官吏ニハ其ノ階級ニ依リ可成多数ノ朝鮮人ヲ採用スル方針ヲ採ルコト[103]

総督府の政費は方針内にあるように、朝鮮自身の歳入で行うことが原則であり、独立採算性を取ることが決められていた。先述した土地調査事業の推進や米・大豆・人参・小麦等を移出し財源の確保に努めた。

しかしながら統監府時代でも補助金が出されていたように、総督府時代でも歳入のみでは運営が困難なことから補充金が投入されることとなった。

補充金額は表3－1のとおりである。同様に台湾総督府に対しても支給されていたが、台湾は開始後九年で終了している。

朝鮮総督府の初代総督に任命されたのは寺内正毅であった。寺内は、明治四十三（一九一〇）年十月一日から大正五（一九一六）年十月九日まで総督の地位にあった。施政方針は『施政30年史』の中で次のように綴られている。「半島統治の第一義は斯民をして多年の不安より免れしめ、極度の疲弊より救

表 3-1 朝鮮総督府への国庫補充金額（単位：円）

明治43年	2,885,000	昭和元年	19,761,259
同44年	12,350,000	同2年	15,425,211
大正元年	12,350,000	同3年	15,458,142
同2年	10,000,000	同4年	15,413,303
同3年	9,000,000	同5年	15,473,914
同4年	8,000,000	同6年	15,473,914
同5年	7,000,000	同7年	12,913,914
同6年	5,000,000	同8年	12,853,773
同7年	3,000,000	同9年	12,823,160
同8年	—	同10年	12,825,822
同9年	10,000,000	同11年	12,918,107
同10年	15,000,000	同12年	12,913,966
同11年	150,600,000	同13年	12,909,115
同12年	15,017,128	同14年	12,904,313
同13年	15,021,403	同15年	13,841,545
同14年	16,568,897	同16年	—
		同17年	12,957,846

出所：拓務大臣官房文書課編『拓務統計便覧　昭和10年版』拓務大臣官房文書課、昭和11年　朝鮮総督府『朝鮮総督府統計年報、昭和５年』朝鮮総督府、昭和11-17 朝鮮総督府『朝鮮総督府統計年報、昭和13年』朝鮮総督府、昭和15年朝鮮総督府『朝鮮総督府統計年報、昭和14年』朝鮮総督府、1941 朝鮮総督府編『朝鮮総督府統計年報、昭和17年』朝鮮総督府、1944年より筆者作成

ひ、進んで彼等の福利を増進し、彼等の実力を養成するに在るは勿論である[104]。」彼が見た朝鮮半島は、土地は荒廃し、民衆は疲憊しており匪徒草賊が横行していた。寺内の時代で重要な政策の一つが財政の調整である。統監府時代、目賀田により財政政策が推進されたが、自国歳入のみでは開発経費を負担することができなかった。そこで、明治四十三（一九一〇）年九月勅令第四百六號を以て朝鮮総督府特別会計の制度を設けた。その歳出は本府歳入を以て充当し、足らざる所は帝國政府一般会計を以て補う事とされた[105]。大正二（一九一四）年以降においては、一般会計よりの補助金を毎年度百万円及至二百万円ずつ削減し、大正三（一九一四）年度より始め五年後の大正八（一九一九）年度に至って一般会計補充の打ち切りにしようとした。しかし、大正九（一九二〇）年以降、再び一般会計より補充金を受けることとなり、統治終了まで続いた。

経済施設の拡充についてであるが、産業の振興富源の開発を図ることが刻下の急務であったことから、水利施設を指導監督して耕地の拡充を図った。主な機関として勧業模範場、道種苗場等の勧農機関が設けられた。勧業模範場は明治三十九（一九〇六）年の統監府時代、京畿道水原に設けられていたが、新官制実施と同時に総督府の管理に属した。この勧業模範場の初代場長は、農科大学教授農学博士の本田幸介に嘱託された。ここでは米や麦の品種改良をはじめ、桑園の開設、種苗の配布等、半島における農事に関する学問上、技術上の総本山となった[106]。勧業模範場は昭和四（一九二九）年に朝鮮総督府農事試験場と改称され、現在では農村振興庁の施設として使用されている。

以上のとおり、寺内の時代は統監府時代からの引き継ぎおよび、国を運営するための基盤作りを行ったのである。

第二代総督長谷川好道は、大正五（一九一六）年から同八（一九一九）年の三年間、総督の職に就いた。基本的には前総督寺内の政策を踏襲するが、武断政治から文官政治へと変更した。長谷川は大正七（一九一八）年十月を以て、統監府時代から続いた土地調査事業が全て完了した。これにより、土地制度、地税制度の確立、土地所有者の確定にいたった[107]。

また面制の施行についてであるが、長谷川は民度にあった地方制度の制定、団体ごとの事業を面に統一させることにより、秩序的な発達を図ろうとした。面とは最下級の行政区画である。施行に伴い、施設の拡充する方針が必要となり、大正六（一九一七）年六月制令第一號を以て公布され、地方制度の基礎を確立した。長谷川の時代は、それ以前に施行されていた事業を上手く引継ぎ、次の段階へと繋げたといえよう。

第三代総督斉藤実は、大正八（一九一九）年から昭和二（一九二七）年における総督である。斉藤は九月二日に京城府南大門駅（現在のソウル駅）に到着したが、馬車で総督官邸に向かう途中、朝鮮人から爆弾による襲撃を受けた。斎藤が行った統治方針は以下のとおりである。

> 文武官の何れよりも任用し得るの道を哲き、更に憲兵に依る警察制度に代ふるに普通警察官に依る警察制度を以つてし、尚ほ服制に改正を加へて官吏教員等の制服帯劔を廃止したるのみならず、鮮人の任用待遇に改善を施せり、悪之文化的制度の革新により鮮人を誘導提撕し、以て其の幸福利益の増

進を計り、文化の発達と民力の充実とに応じ、政治上社会上の待遇に於いても内地人と全然同一の取扱いを為すべき究極の目的を達せんとする[108]

この目的を基に、斉藤時代における施政でも産業開発を第一義とした。ここで最も力を入れたのは「産米の増殖計画」であった。このための方策として、荒無地、干潟地の開拓、水利灌漑の改善等耕地の拡張改善を行った。大正九（一九二〇）年度より三十年計画を立て、まず十五ヵ年を期して第一期産米増殖計画書を確立した[109]。

第四代総督山梨半造は昭和二（一九二七）年から昭和四（一九二九）年において、小作慣習の調査、小農に対する小額生産資金の貸出などを行った。小農に対する生業資金貸付事業の目的は朝鮮農家の大部分を占める小農の保護として、小口資金を融通し生業の市を得ると共に、これを指導訓練し自力によって窮境を打開させることにあった。昭和三（一九二八）年度から開始された[110]。貸付金は一人當二十円、一組合當六百円内外を標準として、邑面より低利かつ無担保で各組合員に貸付を行うものとした[111]。小作農に対する政策が確立、施行されるようになったのは、山梨の時代に入ってからであった。

第五代総督第二次斉藤実は、昭和四（一九二九）年から昭和六（一九三一）年でも山梨と同様、小作農救済事業を施行した。第一次窮民救済土木事業は、朝鮮総人口の大部分を占める農民、小作農民財界不況穀価（低）落等による経済対策である。昭和六（一九三一）年度から同八年にわたり道地方費その他公共団体の事業として総工費六千五百二十二万円を投じて道路河川漁港、上下水道の土木工事を施行した[112]。

上述のとおり、宇垣が総督となる以前からも農民救済に対する政策や事業は積極的に行われていた。だが、それまでの総督の政策は、朝鮮に住む人々の生活を安定へと導くまでには至らなかった。そこには朝鮮独特の農村構造が絡んでいる。その農村システムに着目し、改善を図ろうとしたのが宇垣である。そしてその農村システムの打開策として出されたのが「農地令」である。この農地令については第三節で触れる。

第二節　農民改革の末端を担った朝鮮金融組合

朝鮮金融組合は、総督府が農業改革を推進する中で、主に農民に対する心田開発や副業の奨励に関する部分を担った。心田開発とは、朝鮮の人々の農業に対する勤勉さを養うための精神開発である。このスローガンが「勤勉・自助・協同」の精神であり、一九三〇年代宇垣一成総督によって行われた「農村振興運動」と同じである。運動の内容については第三節で詳しく記述するが、目的は小作人を自作農に引き上げ、さらには困窮していた農民たちの生活の改善であった。

従来、朝鮮の農業は天候に支配される事が多かったため、天候によりその年の収穫量が左右された。

営農方法は直播で、雑草は繁るままに繁らせて夏中之を芝除せぬ。畑中の大石小石邪魔になっても之を除か[113]ない。このため荒廃していくばかりであった。また農事の季節は春から秋という限られた期間であった。

このような要因から単一的な農業経営のみでなく、多角的な農業経営への移行が望まれ、副業の奨励が始まった。副業も一つではなく、三つか四つ行う場合が多く、主人は米麦や野菜の徴収に全力を注ぎ、妻は養蚕、子供は養鶏にといった様に、一家が三方面より増収を図る[114]ことにした。副業の内容は地方の環境や家庭事情によっても異なるが、養鶏は比較的多くの地域で行われた。副業の特徴は、要約すると次の五項目である。

（一）余った時間をお金にすることができること。
（二）ほとんど資本を要さない、又要するとしても僅少で足ること。
（三）多くは土地を要さない、要するも屋敷の一部利用で足ること。
（四）資本の回収が敏速であること。
（五）事業に危険性が少ないこと[115]。

これら五つの特徴について詳しく見てみると次のようになる。

（一）余った時間

朝鮮では気候頼みの農作業であったため、農作業の季節というのは必然的に春から収穫期の秋までであった。このため、冬から春は農閑期と呼ばれ、何もすることがなかった。この農閑期を利用して副業を行おうという考えである。

（二）ほとんど資本を要さない

副業に使用される藁などは秋の収穫期に沢山出ることから、改めて購入する必要がなかった。また、縄や叺《かます》を織る機械は組合の資金で購入したものを使用できたため、農民への負担にはならない。

（三）多くは土地を要さない

内容は様々であっても家の中や庭先でできる副業が多かった。朝鮮人の住居は母屋に前庭があり、母屋と前庭を囲むように土塀があり正面には小さな門があるのが一般的であった。その前庭で鶏を放し飼いにすることができ、実際に楚山地域においても見られた光景である。養豚に関しては共同で豚舎を建設したため、膨大な土地が必要とされなかった。

（四）資本の回収

例を挙げると養鶏の場合、鶏が産んだ卵や孵化した雛がすぐに資本回収につながる。

（五）事業に危険性が少ない

副業は縄や叺織り、養鶏、養豚が主流とされていたことから、生命の危険性がある業務内容はなかったとされている。

では、次にその副業の種類について明らかにしていく。内容は地域により多少異なるが、叺織り、縄の製造、養鶏、養豚などは朝鮮全土どの地域でも行われていた。実際、黄海道、咸鏡南道、平安北道、京畿道、江原道、忠清南道、忠清北道、全羅南道、全羅北道、慶尚南道、慶尚北道では叺織りが行われていた。初めにこの叺織りについて三つの事例を挙げてみたい。

事例①　水原郡城湖外三美里における叺織りの奨励

水原郡城湖外美里に於いて叺織りが盛んとなったのは、昭和五年八月契を組織し契員は相互に貯金を節約して真剣に叺を歳出した。組合でも養牛契の部落品評会や叺織競技会等を催して激励された。主人は勿論女子供に至る迄叺を励み寸暇をも利用する様になった。昭和六年八月の調査では二十七人で七千四百三十枚、その価格八百八十九円で一人当たり四十四円だったが、昭和七（一九三二）年八月の調査では四十八人で四万八千枚、その価格五千七百六十円、一人当たり百二十円になった[116]。この叺は地域差があるかもしれないが、一枚あたり七円程度で売れた。当時、米の価格が一斗七〜十円で、うどん一杯が約十銭だった物価から推察すると、叺一枚七円は良い金額である。

事例②　慶尚北道牟東金融組合における奨励

慶尚北道尚州郡牟東面新川里にある牟東金融組合に於いては、叺以上の収入となる副業は他にあまりないと考えられた。そこで組合員である金鐘夏はまず叺織りから家を興そうとして、昭和五年からこれを開始した。昭和七年からは「我が村も叺で興そう」という計画が立てられた。この計画により叺織を全村に奨励することとした。奨励当時生産戸数は僅か十戸余りであった事業が、二年後には四十一戸まで増加し、従業人数が百八十余名で殆んど全村が叺で更生しつつある。生産高でみると年額二千三百二十円の収益があった[117]。

事例③　黄海道延安金融組合における叺織効果

黄海道延白郡延安面美山里の部落は元々細農ばかりの集団であったが、伝来の単純農法のみに依存して来ましたため、益々困窮に陥った。そこでどうしても別途の方法で現金の収入を図らねばならぬというので、組合でも種々斡旋心配をした。当地方は由来水田地帯の事とて副業も思うようにならぬ事情にありますが、先ず手近の藁を用いて縄叺の製作を始めた。器具購入のため組合から一部の補助を受け、主として籾用叺を製作し、昭和八（一九三三）年度に約千七百枚百五十六円の収入を挙げた[118]。

この叺縄製造奨励を早期から行ったのは、大邱達城金融組合である。すでに明治四十四（一九一一）年一月九日、第一回叺筵織伝習会を催して、農家副業の奨励を開始している。

次に養鶏についてみていきたい。副業養鶏については、主に名古屋種や白色レグホンを使用することが多く、インフラ整備が整っていない地域などでも多く行われていた。飼育方法としては、乾燥した土地に、鶏が快適に過ごせるような簡単な設計の鶏舎を建て、放し飼いにする。平安南道では、全部放し飼いで、餌は飼料を買い入れることなく、秋の収穫時期に調製した廃残物を飼養としていた。他には、野原の青草や昆虫類を捕食していた[119]。

このように、養鶏はどの家庭でも比較的簡単に行える副業であった。養鶏に関しては黄海道、平安南道、平安北道、咸鏡南道、京畿道、江原道、忠清南道、全羅南道、全羅北道といった地域で行われていた。そして、この副業養鶏で有名になり模範部落となった地域が、平安南道江東郡東面芝里である。平安南道江東郡江東面芝里での成功例を含め三つの事例を挙げる。

事例①　平安南道江東郡江東面芝里における副業養鶏

この地域では副業養鶏により「卵から土地へ」という言葉ができた。昭和二（一九二七）年同組合理事重松髜修が養鶏模範部落を設置し、副業養鶏を奨励したことに始まる。

奨励の方法は、まず名古屋種の種卵を各戸に十五個ずつ配布する。その卵というのは、奨励を行った重松が自費で種鶏を買い、その鶏たちが産んだ種卵を農民たちへ配布した。そのため、最初は十五個であった配布も生産が追いつかず、途中からは十個の配布となった。これを孵化育成させ卵を産ませる。その卵を子供たちや婦人が金融組合へ持っていくと、金融組合で販売の斡旋を行うのである。組合に委託した卵の籠には、各自の住所氏名が記入してある札がつけてあるので、職員が検印したのち伝票を発行して籠の中に入れる。そうすると放課後、学童たちが組合に立ち寄り伝票の入った籠を持って帰るという仕組みになっていた。

そして卵を売った代金は、子供たちの授業料、文具購入費、牛や豚の購入費として活用するというものであった。もちろん、最初から部落の子供たちが集卵に協力したというわけではなかった。模範部落には少年委員という学童中心の委任を設置していた。この少年委員が自分の家の卵だけでなく、近隣の卵も登校時に組合へ持って行った。彼らが毎日健気に行うことにより、他の学童に影響を及ぼし全校生徒が少年委員となるまで成長したのである。

このように、重松が自費を投じて始めた副業の奨励であるが、部落農民たちは初めのうちは、卵の貯金で牛などを買えるとは信じていなかった。そもそも貯蓄という概念がなかったのだから仕方のないことである。しかし、昭和四（一九二九）年十一月十四日に小作人の韓炳龍が卵貯金二十二円で牝牛を購入したことから、部落の農民が目を覚ました[120]。

事例②　平安北道雲山郡北鎮金融組合における養鶏組合

昭和八年十月白南斗外東西両部落の者三名の発起で金融組合資金百円と勤農共済組合資金百円を起債し養鶏金融組合を組織し、最初は白色レグホン種鶏五十四羽を購入飼育したが、現在（昭和十年発行時）では種鶏七十羽と四季鶏三十羽に殖えており、満一年間で雛四十羽と種卵二千個を生産した。これらは群面と組合の斡旋で郡農会から一手に買取られ各地の種鶏種卵として振り分け雛一羽が十一銭、種卵一個が五銭で売られ全収益約百五十円を上げた[121]。

事例③　忠清南道彩雲金融組合の場合

忠清南道論山郡の部落では、昭和七（一九三二）年春に養鶏組合を組織した。毎年春稚鶏の共同飼育や或は飼料の共同購入、生産卵の共同販売（昭和十年には五日毎に取り纏め京城に搬出）するなど、積極的に養鶏に取り組んでいる。昭和十年当時、成鶏八百余羽年平均生産卵十四万個、最低三千余円の年収を上げていた。また鶏糞は桑園の肥料として、卓越した肥効を発揮した[122]。

これらの代表的な副業以外には、京畿道利川郡の清渼面豊界里基樹洞で、組合員が協力して木炭の製造を行っている。他にも養蚕、養豚と部落ごとに各部落の特色に合わせて副業が行われた。これらの中で珍しい副業としては、黄海道で行われていた海苔の養殖がある。また慶尚南道金融組合では副業奨励のため、ポスターを作製し副業の奨励を行った。

このように、朝鮮金融組合は副業により貯蓄を図り、この貯蓄が資金へと発展したことで、農民たちの意識と生活水準は向上した。

これら副業の奨励をみていく中で注目すべき事項に、朝鮮の婦人の果たした役割がある。朝鮮金融組合は、日本統治以前「婦人は内房で」と言われていた朝鮮婦人に対して、外で仕事を行わせるようにした。まず部落の中で自覚ある婦人を集め、婦人会を組織した。婦人会では積極的に生活改善を奨励し、収穫した籾の脱穀作業、家計簿の付け方等を教えこれを実行させた。他にも家内手工業としては、金融組合で購入した織機を使い、織物の生産等も行っていた。こうした婦人会は、黄海道、平安南道、平安北道、京畿道、江原道、忠清道、全羅南道、全羅北道、慶尚南道、慶尚北道といった多くの地域で結成された。

京畿道驪州第二金融組合の婦人会を事例に挙げ、どのような活動をしたのか見ていきたい。

事例　京畿道驪州第二金融組合における婦人会結成

京畿道驪州第二金融組合では、婦人会を結成し「農家経済更生の為には婦人も男子と同じく戸外に出て働かなくてはならない」として婦人の共同棉作、婦人戸外労働の習慣を奨励した。この他にも前述した養鶏貯蓄、養豚などまで行うようになった。

このように、それまで外での作業を行うことができなかった朝鮮婦人に対して労働を行わせたことは、大きな変化といえるだろう。

次に貯蓄の奨励について述べていきたい。日本統治以前の朝鮮農民は、秋になると税として耕作物を国や両班に徴収されることから、春になると困窮するという状態に陥っていた。文字通り草の根や木の皮を食べ、飢えを凌いだという記録があるほど困窮していた。そのため、必然的に「貯蓄」という概念が生まれる余地はなかった。そのような朝鮮の部落に貯蓄の奨励を行ったのが、朝鮮金融組合である。

貯蓄方法はいくつかあるが、一般的なものが節米貯金である。組合で作った節米貯金袋に炊事毎に一人一杯の粟か麦、米を入れて節米する。この節米貯金袋と貯蓄台帳に依って、毎月欠かさず貯蓄が実行された。慶尚南道清郡今西面梅村里では組合から配付を受けた節米袋に依って各戸毎に節米貯金を毎月励行し、五銭・十銭の零細貯金が昭和七年には総額二百三十八円に達した[123]。この貯金の利用法であるが、牛や土地の購入など有効的に活用された。

節米貯金の他にも、副業貯金なるものも実施されていた。副業貯金の主なものは、前述の副業養鶏で紹介した養鶏貯金や叺貯金が挙げられる。またこれ以外にも婦人会貯金、青年貯金などがあり部落ごとに特色ある副業貯蓄が実施された。貯蓄や貯金については黄海道、咸鏡南道、咸鏡北道、平安北道、江原道、忠清南道、全羅南道、全羅北道、慶尚南道、慶尚北道で奨励されていた。ここから、全国的に奨励されていたことがわかる。

このように、さまざまな副業や貯蓄奨励により、少しずつ農村の生活に変化が生れた。図３－１から読み取れるように、明治四十三（一九一〇）年から昭和十四（一九三九）年のわずか三十年間で朝鮮人の人口が約二倍に増加した。これは日本の統治以前、春窮に苦しんでいた農民たちの生活が改善され、安定してきたからこその伸びである。収入に関しては慶尚南道山清金融組合において、昭和六（一九三一）年に一戸の平均収入が百五円だったのに対し、昭和九（一九三四）年には百五十円と増加を見せた。このことから、朝鮮金融組合が行った副業・貯蓄の奨励により、農民たちの生活改善がある程度成功したことが推察される。

図　3-1　朝鮮の人口推移

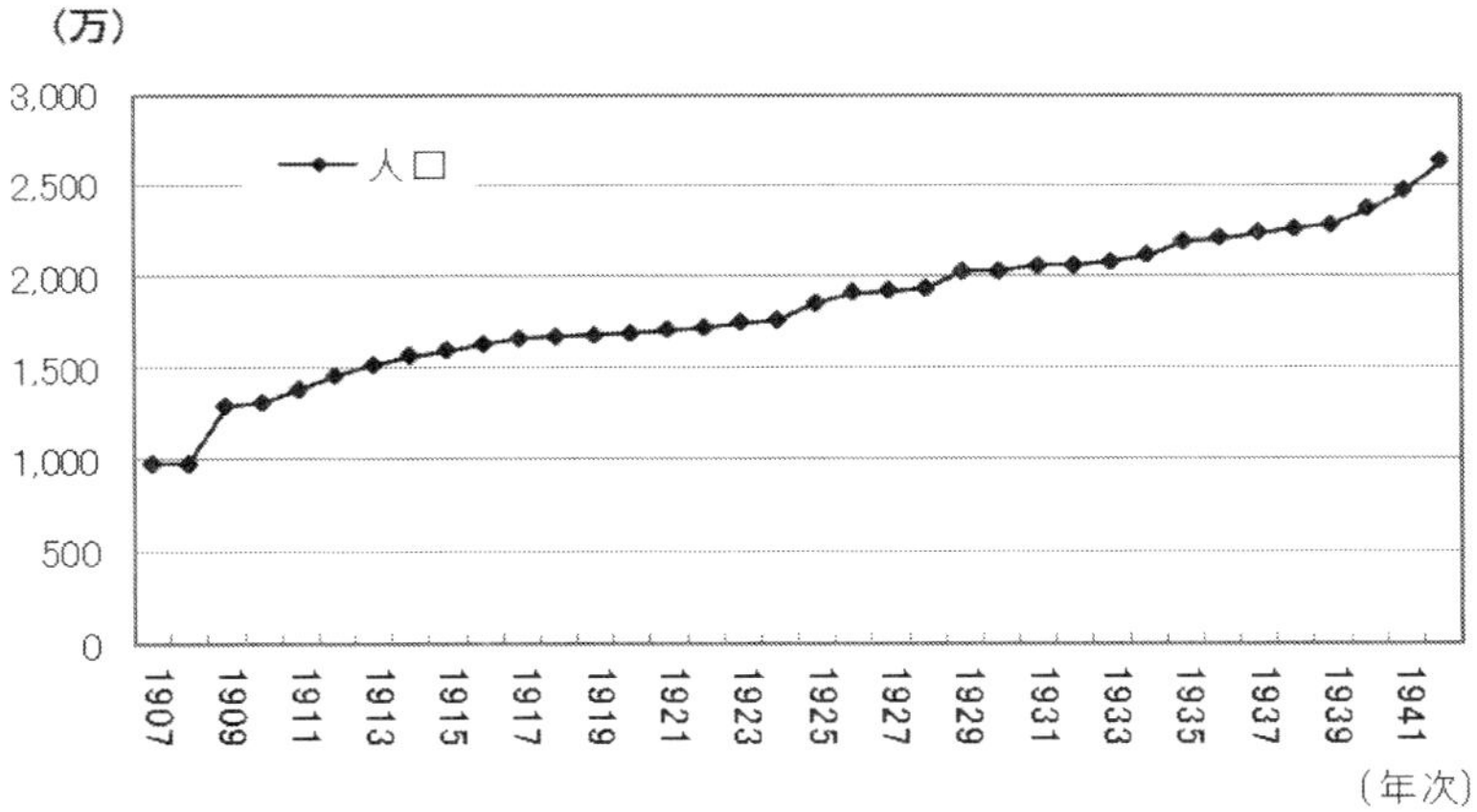

出所：朝鮮総督『朝鮮の人口現象』調査資料第 22 輯、昭和２年、
度支部大臣官房統計課『度支部統計年報』第１回隆熙元年度、
第２回隆熙２年度『朝鮮総督府統計年報』より筆者作成

金融組合では毎月雑誌「金融組合」を発行し、理事による座談会内容や農村更生の状況、副業の成功事例等を発信した。また婦人向け雑誌に「家庭之友」があり、婦人講習会、農村料理、農事実験、生活改善の様子といった内容が掲載されている。

第三節　農民改革へと繋がった農村振興運動

朝鮮金融組合が発行した雑誌「金融組合」の昭和十一年十月號で、咸鏡北道・穏城の理事であった金東龍は、「農事の各般施設は近時著しく進歩の道程を辿り営農方法も漸次改良の域に進みつつありと雖も農民の生活状態は依然として苦境を脱する態はず」と述べている。その原因は「一般農民の自覚が足りないことと、単純な営農方法を固守するところにある」と分析している。この時代になると金融組合による活動も行われているため、すべての地域に該当するというわけではないが、第六代総督宇垣一成の時代に入ると農村政策がさらに積極的に行われた。

農村対策は農林局が担当しており、この時の農林局長には渡辺忍が就任した。また、この時から今井田清徳が朝鮮農会長を務めることとなった。朝鮮農会は内地において明治四十三（一九一〇）年に制定された帝国農会と類似しており、農業技術的、経済的発展及び改良を目的として設立された。職務内容としては、農業技術の指導、農業に関する調査研究、農産物価格の統制、小作争議の抑制などを担っていた。朝鮮農会は、大正十五（一九五二）年一月「朝鮮農会令」が公布され設立された。

そして宇垣が行った農業政策が、「農山漁村振興運動」である。宇垣は、明治元年（一八六八）年八月九日岡山県赤盤郡潟瀬村大内（現在の岡山県岡山市瀬戸町大内）吉井川右岸に沿った農家で、父杢右衛門、母たかとの間に五人兄弟の末っ子として生まれた。父親杢右衛門は、宇垣の誕生後に流行病の赤痢で逝き、母親たかは明治四十五（一九一二）年に父親と同じく赤痢で亡くなっている。そのため、四男甚八と三男梅太郎はそれぞれ林家と草加家へ養子に出ている。宇垣の幼名は杢次《もくじ》という。彼は十四歳で小学校を卒《お》えると、校長の推薦で代用教員として母校に勤め、十七歳にして正教員の検定試験に合格した後、隣村御休村の小学校の校長となった。校長を務める傍ら、宇垣は鎮台兵の演習や行軍の様子を見て陸軍にあこがれを抱くようになった。そして一八九〇年、十九歳の暮に宇垣は意を決し、市ヶ谷にあった成城学校に入学。陸軍士官学校に一期生として入学した。一八九〇年に一成と改名。一成の由来は「精神一到何事か成らざん」から採って、意志鍛練の目標にしたいと思い、「一成」と改名した[124]。当時は手続きを踏めば、改名することができた。

宇垣は陸軍士官学校、陸軍学校を経て明治三十三（一九〇〇）年三番という優秀な成績で卒業している。一九二四年一月清浦内閣から加藤高明内閣、第一次若槻内閣まで三年間、内閣で陸相を務め、陸軍の「宇垣時代」をつくった。一九二七年には臨時代理として朝鮮総督となった。その後、田中内閣で軍事参議官に就任するも、一九二九年の浜口内閣で陸相に再就任し、昭和六（一九三一）年六月十七日に朝鮮総督の命を拝し依願予備役となる。そして、その年の七月から昭和十一（一九三六）年八月まで大命を拝し、第六代朝鮮総督となった。

宇垣の朝鮮に対する認識は、昭和二（一九二七）年六月下旬の日記の中で次のように記されている。「朝鮮一千九百万人の八割二分は農民である。―中略―乍レ併其農民中の又八割が小作人であることは注意を要し施設を新にすべき点である」として、地主―小作の関係改善を正し自作農を創設することは朝鮮統治における重要な着眼点の一つであると綴っている。その為には「併し彼等には今一段と勤勉と貯蓄の精神と意気を高潮する必要がある」とした。このように、総督になる以前から小作問題に対して着眼していた[125)]。

当時の朝鮮の農民の割合であるが、朝鮮総督府により昭和九年に発行された農業統計表によると、昭和六（一九三一）年の段階で、朝鮮人農民総個数は二百八十六万八千五百六十九戸あった。その中で小作農民は百三十九万三千四百二十四戸、自作兼小作が八十五万三千七百七十戸とされている。この統計から小作だけが農民の八割を占めていたわけではないが、自作兼小作を含めると二百二十四万七千二百九十四戸となる。農民総戸数から小作と自作兼小作を合わせた割合は七十八％となる。この数字から農民の約八割が小作だと言われたのであろう。そしてこの関係は表３‐２から読取れるように、大正八（一九一九）年から昭和八（一九三三）年まで、農民総戸数に占める小作と自小作の割合がほとんど変わっていない。

表　3-2　農業者累計比較表

	農家総戸数	自作農民	小作農民	自作兼小作	農家総戸数に占める小作＋自小作の割合
大正8年	2,664,825	525,830	1,003,003	1,045,606	77%
大正12年	2,702,838	527,494	1,123,275	951,667	77%
昭和3年	2,799,188	510,983	1,255,954	894,381	77%
昭和8年	3,009,855	545,502	1,563,056	724,741	76%

出所：朝鮮総督府『農業統計表』朝鮮総督府、昭和９年より筆者作成

そのような状況の中、宇垣は昭和六（一九三一）年七月十四日朝、釜山に上陸し夜七時に京城に着任した。宇垣は着任の第一歩を印するに当り、京城日報内で彊内官民に対して「凡ソ統治ノ要諦ハ民意ヲ暢達シ情理ヲ画シテ思想ノ融合ト生活ノ安定ヲ図リ力メテ空論虚飾ヲ避ケ邁往実行ヲ基スルニ在リ」[126]と諭告《ゆこく》した。宇垣が目指したのは生活の安定だったのである。そして着任の翌日から朝鮮神宮に参拝、着任の報告をなし本府に初登庁した。総督室にて本府及び官署の課長以上、道庁の部長職以上、その他官署の勅任官以上に対し接見式を行うとともに、局長から所管事務についての状況報告を受けた。これが済むと地方の巡視に先立って、地元の京畿道知事渡辺忍を総督官邸に招致して、具《つぶ》さに農村の実情を聴取した。その後、京畿道を皮切りに各道に足を伸ばし、鮮内を巡視した[127]。

鮮内巡視後に宇垣は「統治の要諦は民意を暢達し、情理を尽くして思想の融合と生活の安定を図り、力めて空論、虚飾を避け、邁往実行を期するに在る」と就任と同様の趣旨を述べ、議論に終始して実行を怠る弊を戒め、次いで昭和六（一九三一）年八月八日に開かれた道知事会議において「多数農民の生活基本の確立に関しては、自作農の創定、小作制度の改善、副業の助長鋭意調査し、漸を追い、之が実現を期したい」との所信を披瀝して、施政の重大項目の一つとして小作制度の改善を断行する決意を明らかにした[128]。宇垣の決意の背景には、前述した統治以前の朝鮮の小作制度に起因するものがある。

宇垣の農村振興運動の訓示要旨は、昭和六（一九三一）年八月八日付け朝鮮総督府官報第一三七八号に記載されている。そこで重要なのは「勤倹努力以テ之ニ當ル非ザレバ、生活ノ安定モ一家ノ興隆モ結局求メ得ラレザルベキニ思ヲ致シ、特ニ勤労生活、節制美徳ノ勤奨ニ意ヲ用ヒラレンコトヲ望ミマス」

と朝鮮人の様子が書かれているとともに、「多数農民ノ生活基本ノ確立ニ関シマシテハ、自作農ノ創定、小作制度ノ改善、副業ノ助長等、鋭意調査シ漸ヲ追ヒ之ガ實現ヲ期シタイト考ヘテ居リマス」[129]と記しているとことだ。宇垣はこのように道知事に対する訓示でも、農民の生活の安定及び小作制度の改善を主張している。

また宇垣は小作制度の改善のみならず、この頃からは「心田の開発」や「自治自立」という言葉を頻繁に使うようになった。「心田の開発」というのは、朝鮮の人々の農業などに対する勤勉さを養うための精神開発である。当時の朝鮮農村では「稼いでいる」とうわさされた者は、強欲な官吏とその配下に目をつけられたり、近くの両班から借金を申し込まれたりするのがおちであった[130]。いいかえれば、勤勉であればあるほど借金が増えたのである。そのため、必然的に彼らの勤勉さは失われたのである。「自治自立」に関しても、朝鮮の農民は飢えを凌ぐことに精一杯で、自ら水田を良くしようという考えまでには至らなかったのである。

この様な実態から、宇垣は朝鮮半島において「心田開発」をめざした農村振興運動を推進していくこととなった。一言で農村振興運動と言っても、開墾に対して積極的ではなかった朝鮮農民たちに対して行うので簡単な政策ではなかった。そしてそこには朝鮮内における育成だけでなく、内地日本との関係も大きく関わってくる。

農村振興運動をはじめる準備として、宇垣は内地から山崎延吉を呼び寄せた。山崎は駒場農科大学校農芸化学学科を卒業後、二十九歳で愛知県安城の安城農林学校校長として赴任した。彼は校長業務以外にも農事試験場長、農事講習所長、県農会の幹事を兼務、農務課長も務めるなど日本の農村改善運動に対する功労者として既に有名であった。実際、安城は彼のおかげで「日本のデンマーク」と呼ばれるほどになった。大正十（一九二一）年頃から全国を巡業して「農業経営の改革」を説いて回り、組織改善としては副業奨励や多角形農業を推奨した。

宇垣は、総督を拝命した昭和六（一九三一）年の十二月に、山崎がいる碧海郡を視察していた。しかし、この時山崎は九州に旅に出ていたため、彼に会うことは叶わなかった。それから間もなく、農林局長の渡辺から、総督の意思であるから朝鮮に来て働かないかと言われたが、弟が引きあげて帰る朝鮮に、兄たる自分が行く心持は、どうしてもない[131]と一旦はこれを断った。また、山崎が朝鮮行きを渋ったのは内地での活動が気がかりであったからである。

その後宇垣から長文の手紙が届き、内地を見捨てることができないと五ヶ月を朝鮮に捧げることを約束し[132]、昭和七（一九三二）年十月に朝鮮の地を踏むこととなった。だが、山崎自身は弟が忠清北道の清州の郡守をしていたのを訪ねたことはあったものの、朝鮮に対する知識はほとんどなかった。山崎が朝鮮の地を最初に踏んだのは大正十年のことであり、山の禿げている事、治水の設備のない事、更に驚いたことには、朝鮮人の生活程度の低い事であった[133]。そこで、渡辺や技師たちの話をもとに朝鮮の内情を把握した。

山崎は、内地において農山漁村が疲弊困憊に陥ったのに対し、政府が経済計画を建て、実行しようとしていることを知っていた為、朝鮮においても同じ方法を実行すれば一番造作がないと考えた。しかし、朝鮮の民度が極めて低かった為に内地と同じ方法は実行できなかった[134]。そこで山崎が考えたのが農村振興運動の形であった。

ここで、内地における「農村経済更生運動」について少し触れておきたい。更生運動での政策課題は、農民の「勤労主義」による農業生産の増大をもって不況を克服することであった。その生産政策は、増加する流通関係補助金によって強化された。そして農業生産の増大に伴い、増加が期待される販売可能農産物のための共同販売ルートが整備された。

このように、内地における更生運動は、勤労主義と呼ばれる個別農民の内向的な努力と、村落農民の協同出荷団体といった外向的な組織化によって推進されていった。

話を朝鮮に戻し、以下宇垣の行った「農山漁村振興運動」についてみていく。昭和七（一九三二）年十月宇垣は総督府全庁員に対し、農村指導の要諦とその指導理念について山崎に講演させた。ここで山崎は、農村指導の基調、農村指導要項、農村指導の原則、実際指導の方法、振興計画の樹立等を語っている。その上で、彼自身の内地での農村振興のモデルと共に、兎に角振興の対策と自力更生とが相俟って行かなくては、農村は振興しないことをはっきりとご承知を願ひたい[135]と述べた。そして、食事の充実、現金の充実、負債整理を改善目標とした。このことから山崎自身も「自力更生」を訴えていた。

この講演を皮切りに、山崎は朝鮮各地を巡講してまわった。一方総督府内においては、漸次堅実なる成果を収める必要性[136]から、「朝鮮総督府の農村振興委員会規定」に基づき、今井田政務総監を委員長とし農村振興員会を新設した。

この農村振興委員会は総督府、道、郡島、邑面を一貫しており、財務、産業部をはじめ各部および金融組合理事等によって構成され、農村振興運動の指導体制が構築された。そして、農村における金融組合の真に力のこもった活動が要求された[137]。

委員会の他は、総督府の各局各課、学校関係、警察方面、金融組合、農会、産業組合が総がかりで調査、指導、督励に当たったのである。

宇垣自身は、暇さえあれば田舎へ出て部落に入り、計画を立てた家を訪れた。そして農民に直接話かけるといった場面が彼方此方で見られた。宇垣の行動を見て今井田政務総監も彼方へ様子を見に行く様になり、農山漁村の人々は心から喜んだ[138]。このような宇垣や今井田政務総監たちによる農村視察は、『伸び行く朝鮮：宇垣総督講演集』に掲載されている写真からも知ることができる[139]。これ以外にも忠清北道陰城面平谷里を激励する宇垣、黄海道松禾郡松禾面生旺里を訪れる今井田政務総監の写真が総督府の資料として残っている[140]。

農村振興運動は、各農家の台所のありのままの姿に対して処方箋を書き投薬を行えば、農家の症状も次第に癒え、体力もつけば固有の治癒力もつくという考え方に基づき実施されていった。そして、その処方箋は大多数の農家に共通するとし

（一）生活に直結した不足食糧の充実

（二）現金収支の均衡

(三) 負債の根絶

として山崎が指摘したとおりに経済更正の目標を上記の三つに絞り、併行して、勤労愛好、自主自立、報恩感謝の精神面の目標を掲げた。自給自足と余剰労力の利用消化とを営農の鉄則として、個々の農家を指導対象として五ヵ年をもって、その生活安定を得て向上の域に誘導しようとした。ここから、運動のスローガンが「勤勉・自助・協同」となった。

これらの事柄を受け、昭和七(一九三二)年十月二十五日、今井田政務総監の名において「民心作興運動に関する件」を各道知事宛に発した後、同年十二月十日に制令第五号をもって「朝鮮小作調停令」を施行し、昭和八(一九三三)年二月実施に踏み切った。小作調停令は第一条から第三十三条までである。この調停令が出された翌年から、従来は小作人が泣寝入りに終わっていた地主と小作人間の小規模な対立・紛争が「小作争議」として統計に記載されるようになった。

この小作争議であるが朝鮮総督府の調査によると、第一次世界大戦後、経済界の動揺と思想界の混乱に伴って、内地に農村問題が頻発するに伴い、朝鮮にも小作団体による闘争的雰囲気が出現した。大正に入ってからの小作争議の発生件数を見てみると、大正九(一九二〇)年には十五件、同十(一九二一)年には二十七件、同十一(一九二二)年には二十四件に過ぎなかったものが、大正十二(一九二三)年には百七十六件、参加人員九千六十人、同十三(一九三四)年には百六十四件、参加人員六千九百二十九人を算した[141]。これらの小作争議を原因別にみると、大正九(一九二〇)年以降昭和二(一九二七)

年に至る八ヵ年の争議件数四百五十六件中、小作権の取消及び移動に依る紛擾は二百七十二件も占めていた。さらに、小作料の減額要求八十二件、地税及び公課地主負擔の要求二十六件、小作料定査方法に関する争議二十六件が争議の主なる原因であった。

ここで全羅道を例に挙げて、小作争議の発生内容割合を詳しく見ていきたい。表3－3からもわかるように、「農村振興運動」を実行段階に移してからの件数が運動以前の倍以上に発生している。

この運動は朝鮮金融組合が主体となり、農村を復興させることにより農民の生活を安定させることを目的としていた。その方法は上からのトップダウン方式ではなく、農民自身の意識を向上させること、即ち自助を重要視した。

しかし、この表の中で注目すべき点は、全争議の中で朝鮮人地主と小作人間の争議が八割前後と高い比率を占めていることである。朝鮮人の間で小作争議が多かった背景にあったのは、やはり舎音の存在であろう。朝鮮人地主である場合、舎音のような管理人を雇う。舎音については前にも触れたが「舎音を三年やれば富豪になれる」という言葉があるとおり、小作料の取立ては執拗だった。舎音は地主に渡す小作料より多めに小作人から取立て、自分の懐に入れていた。このようなことから、朝鮮人の間で小作争議が多かったのではないかと推察される。

前述したとおり、宇垣が目指したのは「生活の安定」である。そのために「農村振興運動」、「朝鮮農地令」といった政策を打ち出すのであるが、果たしてそれは彼が描いたシナリオ通り、効果的に人々の

表　3-3　朝鮮の小作争議

年次	発生件数	小作権移動が原因	小作側の要求貫徹	小作調停事件	朝鮮人の争議
1926	19	11(58)	4(21)		
27	33	27(82)	2(6)		
28	1381	419(30)	20(1)		
29	40	34(85)	6(15)		
30	94	76(81)	24(26)		
31	84	50(60)	19(23)		
32	70	60(86)	11(16)		
33	598	418(70)	230(38)	205(34)	461(77)
34	2578	2250(87)	497(19)	333(13)	2137(83)
35	5500	3318(60)	2820(51)	1200(22)	4481(81)
36	3941	2536(64)	2404(61)	1348(34)	3486(88)
37	4336	3364(78)	2369(55)	1784(41)	3799(88)
38	1822			1104(61)	
39	1215	1027(85)	528(48)	898(74)	

松本武祝『植民地権力と朝鮮農民』1998 年 117 ﾍﾟｰｼﾞ 表 3-11 を引用
※注　(　) 内は発生件数に対する比率 (％)

生活に浸透していったのであろうか。次に運動の実施から農民たちの動きについて見ていきたい。

昭和八（一九三三）年三月七日、今井田政務総監から各道知事に、「農家経済更生計画樹立ニ関スル具体的方策」が発布され、運動は実行段階に入った。従来の総督府の施設は邑面（町村）単位にそれぞれを主管する機関があったが、各機関相互の横のつながりがなかった。具体的には、養蚕・家畜・各種農産物の増産奨励の担当者は邑面の耕地面積を基礎に置いて他の農産物のことには頓着なく、綿作係は綿作係だけの基準で判断してその耕作面積をこれだけ拡張することによって、これだけの年産に到達させるというもくろみを立てる。また畜産係は畜産係だけで増産計画を樹て、養蚕係もまた増産目標を樹てて桑園の拡張を目論む。というように、総督府を頂点として道・郡・邑面に至るまで、縦の系統による命令、示達、指導がそれぞれの分野で一貫して行われた[142]。而して、この運動は内地における「農山漁村経済更生計画」と相対応し、朝鮮農業政策の根幹となった。

本事業では小農を春窮と負債の埒外に導き、家計上収支の均衡を図る[143]ことが目標とされたことから、更生計画は非常に重要であった。実際に具体的実施計画を数字の上からみると、試験的に差向き毎年一邑面一部落を標準とし実行に着手したが、その数四千八百九十四部落、九万六千九百三十五戸であった。さらに昭和十（一九三五）年度、十一年度、十二年度、十三年度、十四年度実施のものを合わせると三万三千二十五部落、六十八万八千三百六十九戸となる。更生計画書実行五ヵ年の期間を満了した数は二万八千五百十二部落、五十九万七千六百九十一戸に達した。

実行方針の大要は

料金受取人払郵便

さいたま新都心局
承認
785

差出有効期間
平成29年11月
7日まで

郵便はがき

3 3 0 - 9 8 9 0

100

さいたま市中央区下落合5－14－12－101

株式会社 振学出版

事業部「愛読者係」行

ご住所 〒	
お名前	
メールアドレス	

ご記入いただきました個人情報は、所定の目的以外に使用することはありません。

お手数ですが、ご意見をお聞かせください。

この本のタイトル		
お住まいの都道府県	お求めの書店	男・女 歳
ご職業　会社員　会社役員　自家営業　公務員　農林漁業 医師　教員　マスコミ　主婦　自由業（　　　） アルバイト　学生　その他（　　　）		
本書の出版をどこでお知りになりましたか? ①新聞広告（新聞名　　　）②書店で　③書評で　④人にすすめられて⑤小社の出版物　⑥小社ホームページ　⑦小社以外のホームページ		
読みたい筆者名やテーマ、最近読んでおもしろかった本を教えてください。		
本書についてのご感想、ご意見（内容・装丁などどんなことでも結構です）をお書きください。 どうもありがとうございました		

URL http://www.shingaku-s.jp/

（一）計画は農家個々の経済更生の具体的方策を明示すると共にその精神的意義を充分闡明なこと
（二）計画は各戸所在勢力の完全なる消化目標としその作業能率の増進を図ると共に可及的多角的に利用彼此有機的に総合統制し一事一業に偏せしめざること
（三）計画は自給自足を本則とし漫に企業的営利本位の計画に陥らざること
（四）計画は地方の現状に鑑み食糧の充実、金銭経済収支の均衡、負債の根絶の三点を目標とし年次計画を樹立すること

とした。さらに、その家の耕地、山林の面積、家族の構成、家畜等の営農規模及び年間における現金収支、不足食糧、負債額等に亘ってその家の現況を掲載した。以上の方針をもとに実施要綱は作られたのであるが、その要綱には大きく五項目に分かれて記載されている。

（一）指導部落設置計画の樹立
（二）指導部落の選定
（三）現況調査の施行
（四）農家更生計画書の樹立
（五）更生計画書の実行[144]

さらに更生計画の指導原則としては、

（一）指導は重きを精神の開発に置き、物質に偏せず、形式に流れざるを要す。

（一）指導は所と人とに依り其の説を異にすることなく、常に一貫して疑念を抱かしめざらんことを要す。

（一）指導は必ず前途に目標を明示し、自力共励に依り、これに到達する信念に生きしむるを要す。

（一）指導は理解を重んじ、強制を避け、易いより難に、簡より繁に、逐次実行を期するを要す。

（一）指導は地方の実情に即し、民度に応じ計画を樹ててこれが大成を期するを要す。

とし、また農民指導精神の基調として

（一）民をして親ましむること

（一）民をして信ぜしむること

（一）民をして安ぜしむること

（一）民をして感謝せしむること

（一）民をして新ならしむること[145]

とした。

これらの政策方針を以て政策は実行に移されたわけであるが、実際は内地人地主の反発なども出ており、なかなか順調には進行しなかったようである。

その後、農家各戸の更生計画実行年限五ヵ年の期限を満了した部落農家に対しては、更生計画の樹立実行による部落民の自助共励に移行する方針をとった。しかし更生の成績、中堅人物の有無等の関係を考慮し方針に移行できない部落に対しては、引続き個々の更生計画を樹立して官辺の戸別指導を継続することにした。

さらに運動の進展に応じ、指導力の強化策が必要となった。教養に乏しく、民度の低い朝鮮農村の実情においては、統治組織の総力を挙げてその所属する官公吏を動員し、最末端の邑面においては邑面職員の外、警察官、金融組合職員、学校教員等をあげて指導網を構成した。しかし、それにも限界があるため、官公吏に対し随時講習などで運動遂行に必要な教養訓練を実施した。他には先覚者有識者等を広くその陣営に参加させ支援協力を求めると共に、新たに中堅人物養成機関を特設、或いは普通学校の卒業生指導施設を拡充するという方法で、広く中堅人物、中堅青年等の養成を行った。その中で特に大きな役割を勤めたのが小学校である。小学校の先生が、小学生ばかりでなく、その卒業生を動員し、卒業生を通じて家庭にまで入って、草鞋履きで農村改革運動の中心をなしていた[146]。

中堅人物の養成は数にばらつきがあるものの、全ての道に訓練所や講習所が設置されていた。昭和十一年に総督府が出している「農山漁村に於ける中堅人物養成施設の概要」に各施設での目的、訓練期間、訓練方法等が事細かに記載されている。どの道の訓練所を見ても、訓練期間は八ヵ月から十二ヵ月であった。訓練所は男子のみならず、女子講習所、婦人講習所といった女性専用の訓練施設もあったが、全部で四十ある施設の中で五つのみだった。定員人数は四十名前後で、訓練方法は実習を主とし、農業労働と実習体験を通じ、農業経営を体得させた。

宇垣は運動を進めていく中で、更生計画の他に部落単位での婦人講習会を開設した。そこで簡単な諺文《おんもん》と数字を教えることにより、主婦が家計簿を付けられるように教育した。これは農村婦人の一般教養の向上にも役立った。また、それまで川で洗濯は行っていたが、農業のような労働をしなかった婦人に対し、外で働く習慣をつけさせた。

これらの指導部落に対する政策は、特に総督府において統制する必要を認めず、すべて各道知事の方針において地方の状況に応じ、それぞれ独自の施策を講じることとした。

運動開始から三年経つと一定の理解も進み、指導者も又体験を積み、運動は軌道に乗りその後は加速度的に且効果的に運動を進め得る段階に至った。そこで宇垣は運動開始四年目を好機として、更生計画の全面実施に踏み切った。すなわち、従来毎年各邑面一部落を選定して更生計画を実施してきたものを、昭和十（一九三五）年度以降十年を以って朝鮮の全部落に及ぼし、運動の普遍性と恒久性とを確立することを決意した。

また、昭和八（一九三三）年十一月十五日の参与官会議においては農村振興運動について、自身の運動に対する最終目標や運動の完成について次のように述べている。「事業の進捗に伴ひ終局は半島民衆が自ら聞き、自ら見、自ら考へ、自ら知り、自ら律し、自ら励み、自ら進み、自ら働くようにならねばならぬ。―中略―大事業の完成が早き地方は十二、三年に、遅き部分でも二十年間には物にしたいと考えて居る」[147] 運動開始から二十年間とすると、昭和二十八（一九五三）年までには運動を完成させたいということになる。しかし昭和二十（一九四五）年に日本が敗戦したことにより、結果的には宇垣の計画通りにはいかなくなってしまった。

更に宇垣は昭和九（一九三四）年一月十日、各道の農村振興指導主任者打合会の席上における訓示の一節において、「指導の要訣」と題して次のように説いた。「能く導き」、「能く働かす」ように世話をしてやり、又斯くすることに依ってこれ等民衆をして漸次覚醒させ、進んで「自ら聞き」、「自ら見」、「自ら考え」、「自ら律し」、「自ら治め」、「自ら励み」、「自ら働く」と謂うように、漸次これを自治、自律、自励に誘導し、此の呼吸を以って一歩一歩物心一如の生活に馴致し個人としての人生観の把持に、将又社会人としての自治的訓練の完成に、指導の周到を期せねばならない[148]。宇垣はこの時も運動開始以前から述べていた「自助」の育成について訴えている。又この時、農村振興運動の経過に対しては、「本運動開始以来、官民の熱誠なる努力と、強力支持とに依り、施設の趣旨普く全半島に徹底し民心は頓に作興し官民の親和、協調、内鮮人間の融合提携、生活改善、消費節約、営農改善其の他各般に亙り漸次見るべきものあるに至る」と述べると共に、更に「殊に本運動の中心施設たる農家更生計画を樹立し、現に実行中のものは其の数二千二部落、五萬五千四百五十八戸に達し、此の外普通学校卒業生、自作農地創定者等に対しても、本計画を拡充実行する等着々実績の挙揚に努めつつある」とした。そして「随所に更生の事象勃然として萠し、前述大に光明を認め力強き伸展を為しつつある」と運動の経過を述べると共に、各道指導者達に感謝の意を述べた[149]。このように、宇垣は参与官会議と同じように朝鮮での会合でも「自力更生」を主張したことからも、この運動に対する力の入れ具合がわかる。

「農村振興運動」を実行し、小作問題を解決させるための大きな柱に、「朝鮮農地令」がある。同年四月十一日「朝鮮農地令明治四十四年法律第三十号第一條及第二條ニ依リ勅裁ヲ得テ茲ニ之ヲ公布ス」とし、制令第五号「朝鮮農地令」を施行した。朝鮮農地令は附則まで合わせると全四十条から成っている。農地令の主な内容は、小作地の賃貸借期間、賃貸借の条件といった小作権の確立についてである。また舎音については、舎音や管理人を置くときには総督府が定めた郡守などに届け出を出すことと記載されている。それ以前の朝鮮農民についてであるが、これまでにも述べたとおり勤勉であるほど多く小作料を取られてしまっていた。勤勉に水田を耕しても小作人たちの利益に結び付かない。このようなことが陳田を開墾しなくなった要因である。

農地令が施行された四月十一日の朝鮮総督府官報の附録において、「朝鮮農地令公布に就て」と題し宇垣は次のように述べている。

一般民衆の生活の安定と向上とを図るは統治の根幹にして余の常に顧念して已まざる所である、然るに朝鮮総戸数の八割は農家にして〇も其の大部分は小作農階級に属するを以て此等小作農の生活を安定し向上せしむることは急務中の急務である

（※右記〇は原文解読不能）

とし、農地令施行までに行われた臨時小作調査委員会の設置や農村振興運動についても触れている。文章の最後の段落では、小作関係に対する地主小作人の対立闘争や地主小作人の相互依存の関係改善といった農地令に対する期待が綴られていた[150]。さらに宇垣の文章の後には、「朝鮮農地令の概要」として渡辺農林局長談が掲載されている。渡辺は農地令に対し、「小作人協和の大精神の下に小作農の地位の安定、小作地生産力の増進を期する為制定たるものである」[151]とし、農地令適用の範囲など概要を綴っている。これを見ると、宇垣と渡辺の考えが同じ方向に向いていたことが推察される。農地令施行にあたり宇垣が道知事に訓示した一節は次のとおりである。

農山漁村振興計画の進行に伴い、最も考慮を要するは、小作農民をして農地に安住し、その業に精励せしむるに在るも、朝鮮に於ける小作関係じゃ久しきに亘る慣行に累はされて頗る不健全なる状態に在り。当局に於いては已に昭和二（一九二七）年以来之が改善に着意して臨時小作調査委員会を設くると共に長期も亘る小作慣行調査を実施する等、鋭意之が改善啓道に努め来たりたる所なるが、真に小作関係を整調し、小作権の安定を図り、農民をして農事に精励せしめ、以て農村興隆の根底を確立するには関係法令の制定に俟つの緊要なるを認め―中略―今農地令を公布して小作関係の安定を期した[152]

宇垣は小作立法の制定が農村振興運動を推進するには最重要前提条件であるとしてこれを促した。この農地令に対して宇垣は自身の日記で、「小作令は労資の協調を進め、階級闘争を防止し、その間に産業の発展を策する為の制定せられたのである」[153]と記し、この農地令に対する思いを述べている。

朝鮮農業での問題点を再度確認する。朝鮮には「舎音」という管理人が存在したことは前述のとおりである。さらに地方官吏までもが農民から搾取を行っていた。地方官については地方制度の改正により、悪政は改善された。しかしながら、中間搾取を行っていた舎音が存在している状況では朝鮮農民は「春窮」から抜け出すことは困難である。

小作農から自作農を増やし、農民の生活の安定を目指すという宇垣の願いとはかけ離れている。しかしながら、農地令では舎音の廃止までは行っておらず、舎音を置く場合、総督府への届け出が必要と定めただけであった。

この農地令に対して、宇垣の思いに反して否定的な見解がある。朝鮮研究で知られている久間健一は、農地令での諸問題として「耕作分散」の問題を挙げている。久間は農民にとっては所有即ち耕作の形態が最も望ましく、耕作分散こそは、所有分散よりも農民にとっては致命的な問題だと指摘している。農地令は耕作権の確立安定のために、強力な立法政策を敢行した。久間によると、「農地令での耕作権の確立は、耕作の移動性を著しく阻害するという反面の缺陥を表面に現すに至った」[154]とし、これにより耕作分散の傾向が深刻化し、農民層における耕作地の取得、拡大を困難にしたと分析している。

久間は耕作分散の実態として、二つの部落を選び調査を行った。久間が選んだ部落は京畿道振威郡梧城面管内にある安化里と橋浦里という部落だった。この調査にあたり一町以下のものを過小経営、一町及至二町のものを小経営、二町以上のものを大及び中経営とした。その結果、過小経営は約四十三%、小経営が約三十六%、大及び中経営に相当するものは約二十%となり、小経営以下のものは合わせて約八十%となり、農民の大部分は耕作不足の状態であった[155]。

この結果だけをとって、朝鮮半島すべての地域が同じように耕作不足と断定するのは難しいが、久間自身が調査を行っているので数値的な信憑性はあるといえよう。久間は農地令に対して全面的に否定しているわけではなく、「農民生活の安定の強調」のために制定されたが、真の安定を得ることができるかと問題定義をしている。確かに、小作農が多ければ耕作分散を起し易いが、小作農民たちが自分の土地を持つということは、当時の朝鮮農民の状況からして困難だったはずである。

農地令施行後、昭和十（一九三五）年以降概ね十ヵ年を期して、昭和八（一九三三）年、九（一九三四）両年度実施部落の外全鮮約七万部落（戸数二百八万戸）に対し年次的に更生計画を樹立実行し、物心両面に亙る大衆生活の安定を得ようとした[156]。その計画は表3－4のとおりである。

ここでは拡充完了の総数は、九割二分を目標としている。しかしながら、邑面が逐次自治共励に移行し、民間自体の自立自治運動として良い成果を収められるか否かは、事業の進展具合による。そして農村振興運動が発展し定着していくには、多くの問題と長い時間を要することとなった。

総督府統治の目標の一つとして自作農の増加が挙げられていたが、農村振興運動を推進したにも係わらず、自作農の増加は見られず小作農が増加した。その原因の一つは人口の増加である。朝鮮の人口は

表 3-4 農村更生部落拡充年次計画〔昭和 10 (1935) 年 4 月現在〕

道名		京畿	忠清北	忠清南	全羅北	全羅南	慶尚北	慶尚南	黄海	平安南	平安北	江原	咸鏡南	咸鏡北	合計
邑面数		244	106	175	177	253	255	246	231	142	178	175	140	81	2,393
部落数		7,800	3,695	6,122	5,379	10,089	6,822	7,428	8,026	4,572	4,594	5,014	4,141	1,092	74,864
部落数内訳	既設更生指導部落	528	213	308	400	571	505	493	447	292	564	355	277	157	5,110
	将来拡充指導部落	7,272	3,482	6,814	4,979	9,518	6,317	6,935	7,579	4,280	4,030	4,749	3,864	935	69,754
将来拡充更生指導部落年次別内訳	昭和10年度	250	241	372	454	356	254	306	424	209	390	366	151	76	3,849
	昭和11年度	484	247	387	722	555	617	462	703	360	397	472	293	95	5,794
	昭和12年度	604	272	475	487	690	678	550	736	370	405	486	325	108	6,186
	昭和13年度	645	268	516	576	771	674	661	754	399	401	489	345	121	6,620
	昭和14年度	677	279	565	479	885	686	712	779	427	405	488	368	133	6,882
	昭和15年度	698	361	632	521	984	689	758	823	450	396	513	185	135	7,345
	昭和16年度	710	366	660	583	1,016	693	806	822	480	366	524	400	128	7,599
	昭和17年度	723	376	683	413	1,126	678	846	326	520	333	521	408	74	7,527
	昭和18年度	714	375	753	396	1,169	675	896	817	537	303	461	425	37	7,546
	昭和19年度	704	3,888	765	384	1,186	649	338	831	5,297	287	429	450	28	7,531
	昭和20年度	549	239			386	24		30		151		163		1,542

出所：朝鮮総督府農林局『朝鮮に於ける農村振興運動の実施概況と其の実績』朝鮮総督府、昭和 15 年

表３－５からも読み取れるように、統監府が設置される以前の明治四十三（一九一〇）年から昭和十（一九三五）年の間に約二倍増加している。この表でさらに注目したいのが小作農の割合である。農家総戸数から見る割合的には増加傾向を見せているが、表３－６からわかるように副業奨励により昭和八（一九三三）年に百二十円だった収入が昭和十三（一九三八）年には二百十四円と収入が増えた。勿論、自作農の総収入においても昭和八年の八十七万七千百三十二円から、昭和十三年には百五十八万三千七百十五円と約二倍増加した。このことから、少しずつではあるが運動の効果が出ているといえる。

さらに、宇垣は農業だけでなく工業政策を積極的に推進した。朝鮮半島における工業政策は、大正十（一九二一）年に朝鮮産業政策の基本方針を決定するために設置された、「産業調査委員会」に始まる。この委員会は、「帝国産業ノ方針ニ順応セムコトヲ期ス」[157]という一般方針のもと立案された「朝鮮産業ニ関スル計画要望」において、「朝鮮工業助長の方針として（一）奨励または援助を積極的に行ふこと（二）関税を按排して鮮内工業を保護することの二つが挙げられこゝにはじめて朝鮮における工業政策の端緒が開かれた」[158]とされる。それは当時の殖産局長西村安吉が「産業調査委員会」において「漸次ニ工業ノ進歩ヲ必要トシ、又之ガ発達ヲ図ラナケレバナラヌノデアリマス」としながらも、「先スドウ云ウフモノノ発達ヲ図ルカト云ヘバ朝鮮デ現在ノ経験ガアルトカ、若クハ将来容易ニ原料ヲ得ルコトガ出来ルモノトカ、サウ云フモノニ付テヤル」方針であった。補助については「格別目ニ著クダケノ補助ヲ致シテ居リマセヌ、計画モアリマスガ、大部分ハ小工業デアリマス」[159]と述べている。

表 3-5 朝鮮の人口増加と農家の自作・自作兼小作・小作の割合
（自作・小作の単位：%、戸）

	人口	農業戸数（総数）	自作	自作兼小作	小作
昭和 4	19,331,061	2,815,277	507,384(18%)	885,594(31%)	1283,471(46%)
5	20,256,563	2,869,957	504,009(18%)	890,291(31%)	1334,139(46%)
6	20,262,958	2,881,689	488,579(18%)	853,770(30%)	1393,424(48%)
7	20,599,876	2,931,088	476,351(16%)	742,961(25%)	1546,456(53%)
8	20,791,321	3,009,560	545,502(18%)	724,741(24%)	1563,056(52%)
9	21,125,827	3,013,104	542,637(18%)	721,661(24%)	1564,294(52%)
10	21,891,180	3,066,489	547,929(18%)	738,876(24%)	1591,441(52%)
11	22,047,836	3,059,503	546,337(18%)	737,849(24%)	1583,622(52%)
12	22,355,485	3,058,755	549,585(18%)	737,782(24%)	1581,428(52%)
13	22,633,751	3,052,392	552,430(18%)	729,320(24%)	1583,435(52%)

出所：朝鮮総督府編纂『昭和 13 年　朝鮮総督府統計年報』朝鮮総督府、昭和 15 年より筆者作成

表 3-6 小作農家の現金収入

	耕種収入	副業収入					収入計	営農以外の収入	収入総計
		養蚕	養畜	縄叺莚	その他	計			
昭和8年	47.07	2.25	6.54	5.38	5.39	19.56	66.63	53.55	120.18
昭和13年	111.86	6.52	16.16	14.18	6.09	42.96	154.82	60.00	214.81

出所：朝鮮総督府『朝鮮総督府施政年報　昭和 15 年度』朝鮮総督府、1942 年、614-615 より筆者作成

この政策をさらに積極的に推進したのが宇垣である。宇垣は自身の日記に「余の朝鮮統治の手近かの目標は半島の原状に照らして生活の安定を最急務のものとしている。夫れには勿論精神生活も物質生活も含有して居るのである」と綴っている。やはり「生活の安定」を重要視している。昭和八（一九三三）年十月十一日の日記では「極度に貧窮せる民衆に対しては産業の開発、自力の更生等の徹底によりて物質生活の安定を図り居る」[160]と民衆の生活の安定を図るために産業開発の必要性を記している。そこで、「朝鮮住民の八割は農民であるから、農本で行かなければならぬが、農だけでは大衆の幸福を来すことは出来ない。やはり工業を興さねばならぬと考えて、工業にも力を入れた」[161]のである。

だが、朝鮮には自力で工業を興す技術がなかったため、日本の資本により工業化を達成させようと宇垣は考えた。そこで宇垣自ら工場設立を懇請し、また地方官庁でも工場誘致運動が熾烈化していったほどであったという[162]。そして工業部門は、韓国よりも北朝鮮において地下資源が多かったことから、北朝鮮を中心に発展することになった。

朝鮮の工業は紡績、製糸、製麻、製鐵、精糖、陶器、セメント、製粉、製油、硫安、硬化油、醸造、精米、皮革、製紙など各種の相当規模の工場が設立された。その中でも、咸鏡南道興南に作られた空中窒素の固定工場は、東洋一の最新設備を備えていたとも言われている。この空中窒素の固定には多量の電力を要するため、鮮満国境を西南に流れて黄海に注いでいる鴨緑江の支流である赴戦江の流域を堰き止めて、周囲十二・三里にわたる大きな湖水を作ったのであるが、その動力設備も日本一であった。

この窒素工場の外には金の製錬及魚油の硬化工場も出来ているが、長津江の発電工場が完成し使用できる暁には、マグネシウム製造と数十万トンの満州大豆を加工すべき二種の大工場を作り、その余剰電力を京城以北の西北鮮地方に供給するための施設も作っていた。また、咸鏡北道水安には石炭低温乾溜による製油工場も有しており、年二十万トンの石油を消化していた[163]。

総督府は、前述のように朝鮮北部の湖水開発と流域変更方式に基づく電源開発を行ったことで、大容量の発電を可能にしようとした。さらに、工業発展のための基礎条件として、電力を動力及び原料として開発することによって、重化学工業を興そうとした[164]。

その電源開発に必要とされる資本や技術は、日本の民間資本に水利権を与えて（長津江―三菱、赴戦江―日本窒素肥料株式会社）開発させた。（なお、三菱がもっていた長津江の水利権は、一九三三年に極めて短期間に赴戦江ダムを建設した日本窒素肥料に与えられた）このような電力政策に対して宇垣は「斯く朝鮮に於ける工業が有望されるに至りました原因はいろいろありますが……その第一に挙ぐべきものは将来朝鮮に於ては低廉なる電気動力の得らるる見込みの確立したことである」[165]と重視していた。

このような工業化は朝鮮全土に進展していったわけでなく、朝鮮北部工業地帯、京仁工業地帯など六つの工業地帯が中心となった。一九四〇年版の「朝鮮経済年報」を見てみると、これらの工業地帯は重化学工業地帯、軽工業地帯、並存地帯など特徴があるものの、一般に重化学工業は北部に、軽工業は南部に偏在していた[166]。

このように、農業中心から工業発展することにより、多くの工場が朝鮮半島にできた。それに伴い農業から工業へと移行する人口が増えたが、それでも農業部門で働く朝鮮人は一九四〇年の時点で全人口の七十七％近くを占めていた。また工業部門の導入は日本の力を借りる部分が多かったが、朝鮮へ軽工業、重工業産業を興すことができた。また、同じ時期に南綿北羊政策が行われ、繊維産業へも参入した。この繊維産業は現在の韓国においても三白産業の一つとして残っている。

第四章　日本統治終了後からセマウル運動開始までの農業政策

第一節　米軍政庁時代における農業政策

一九四五年八月十五日、日本は大東亜戦争に敗戦し、総督府による朝鮮半島の統治は終焉を迎えた。ソ連は日本が降伏する以前の八月九日に朝鮮北部に侵入した。同月二十五日に、朝鮮半島は米ソで軍政を敷くこととなり、米軍は九月八日に仁川に上陸した。翌九日京城において降伏文書の調印式が行われたが、アーノルド少将を長官とする米軍政庁（在朝鮮米軍陸軍司令部政庁）は十一日に至り京城に設置された[167]。同月から朝鮮の管理について議論され、十二月十六日にモスクワで開催された米・英・ソ三相会議で朝鮮半島の信託統治が決定した。これにより三十八度線を境に北側をソ連、南側を米軍が管理することとなった。

南朝鮮は米国太平洋陸軍最高司令官（ＳＣＡＰ）マッカーサーをトップとし、ホッジ司令官（中将）が統治の指揮を執ることになり、総司令部は東京に置かれた。韓国統治に関する米国の究極的な目的は、国際社会において責任をもち、平和的な一員としてみずからの地位を占めることができる、自由・独立の国家の樹立を許すような諸条件を育成すること[168]であった。

米軍政庁の組織は、文教部、司法部、警務部、農務部、商務部、財務部、通信部などから成り立っており、農政に関しては農務部が担当していた。民政に関する基本指令はＳＷＮＣＣ(State-War-Navy Co-ordinating committee　国務、陸軍、海軍三省調整委員会）によって決められていた。ＳＷＮＣＣは第二次世界大戦後の占領国に対する信託統治に関し、共通の利害に関わる問題、軍事的な問題に関わる指針を策定するための機関である。

一九四五年九月七日、マッカーサーにより「布告第一号」が発布された。この中で占領に関する条件として六つの項目が挙げられている。この内容は次のとおりである。

（一）北緯三十八度以南の朝鮮の地域および同地域の住民に対する一切の行政権は当分の間、私の権限の下に施行されるものとする。
（二）政府、公共団体および名誉団体の一切の職員および雇用者ならびに、有給および無給を問わず、公共福祉および公衆衛生を含む一切の公共施設および公共事業において働く一切の役人および雇用者、さらに他の重要な職業に従事する一切の者は、別命のない限り、従来の職務に従事しかつ一切の記録および財産の保管に努めること。
（三）一切の住民は、私および私の権限をもって発せられた命令に対し迅速に服従すること。占領軍に対し敵対行為をした者または治安を攪乱する行為をした者は、これを厳罰に処す。
（四）住民の所有権は、これを尊重する。住民は別命のない限り日常の業務に従事すること。
（五）軍政期間中、英語をもって一切の目的に使用する公用語とする。英語と朝鮮語または日本語との間に解釈もしくは定義において不明瞭または相違が生じた場合は、英語によるものとする。
（六）今後の布告、法令、規約、指令または条例等は、私または私の権限の下に発布しかつ住民の履行すべき事項を明記する[169]。

翌月ＳＷＮＣＣは「米軍占領下の朝鮮地域における民政に関する米国陸軍最高司令官に対する基本指令」（SWNCC176/8）を南朝鮮の軍政責任者であるホッジ中将宛てに送った。この基本指令に基づき、司令官が朝鮮の民政に関し有する権限および指針となる政策を規定した。指令は第一部一般および政治、第二部経済および民政物資供給、第三部金融で構成されている。指令では「日本国天皇の命により署名された降伏文書、カイロ宣言およびポツダム宣言を実施するため必要とされる、一切の権限を行使することが許される」[170]と記載されていた。さらに朝鮮の軍事占領に関する基本的目的の項目で「朝鮮に関しての米国の究極的な目的は、国際社会において責任をもち、平和的な一員としてみずからの地位を占めることができる、自由・独立の国家の樹立を許すような諸条件を育成することにある」[171]としていることから、カイロ宣言で述べられている朝鮮の自由かつ独立を目的とした。

その結果、米国は信託統治にあたり、総督府統治の痕跡を排除するため、日本人官吏の更迭、日本への送還、日本への所持金制限といった経済統制などを行った。しかし、朝鮮金融組合に関しては、連合会に正式責任者が任命され事務引継ぎが終わるまで継続するよう命を受けた。実際、総督府の局長クラスは罷免された後、しばらく軍政庁顧問として勤務指令を受けている[172]。

一九四五年十一月十四日、軍政長官名義で軍政財務局財務長官、米陸軍大臣 John E. Landry が連合会会長兼務として就任し、日本人重役たちと事務引継を行った。彼らが罷免されたのは十二月二十二日であった[173)]。同日、連合会理事に三人の韓国人を任命し、業務形態は日本統治期をそのまま継承した。そして翌年、金融組合（Financial Association FA）が設立され、同時に朝鮮金融組合連合会は The Korean Federation of Financial Association と統一された。金融組合の初代理事は河祥鏞で、彼は日本統治時代に朝鮮金融組合連合会本部に勤務していた。

朝鮮金融組合連合会は、一九三三年「金融組合の統制機関設立に就て」という財務局長談の中で、金融の組合統制的中央機関を設置することを決定したと発表した。そして、朝鮮総督宇垣一成により一九三三年八月十七日政令第六号をもって制定された。この朝鮮金融組合連合会は、法人として会員の資金の調整義務の指導、その他協同の利益増進を図ること[174)]を目的とした機関である。この連合会の会員は、金融組合と同じく設立の許可により自動的に会員となる強制加入会員と、その他の産業法人のような任意加入会員を以って構成された。連合会の事業は、会員に必要な資金の貸付、会員のための為替業務を営む金融業、共済、宣伝、教育に亘る総合的な業務を行った。

この金融組合と朝鮮金融組合連合会は、一九五七年二月十四日、法律第四百三十六号および第四百三十七号により特殊法が公布されることにより廃止された。金融組合と朝鮮金融組合連合会の業務は、農業銀行協同組合では従来の農業団体である殖産契は里洞組合が担当し、金融組合と市郡農会の一般業務と財産は市郡組合が行った。その後、一九六一年農業銀行と農業協同組合が統合し、総合農業協同組合となった。

同年九月二十五日には組合代表大会が韓国人のみで開催され、金融組合対策委員会を組織することが決定し、中央政策委員会を結成した。委員長には本部参事であった河祥鏞が就任した。この他、副委員長には京近畿道内理事の林鐘寛、常任委員に鄭在億、尹範洙、朴元植[175]が就任している。委員会では民主的協同組織を完成させることを決議した。一九四五年十二月から傘下会員を通じ、金融組合運営に影響するとされた農村事情や地方物価調査を実施した。さらに翌年四月には愛国貯蓄運動を実施し、五月に部落農家経済調査を復活させた。

米軍は南朝鮮に進駐すると、東洋拓殖株式会社をはじめ、朝鮮銀行、同盟通信社などの公的機関を接収した。しかし、金融組合が継続されたように、米国の思惑どおり日本統治の痕跡を排除していくのは困難であった。司令官ホッジ中将は九月二十六日の新聞記者との会見で、「日本の統治は非常に永く、複雑な組織を作り上げた。(略)これを徹底排除するのは朝鮮人のためにも不幸である。朝鮮人はいろいろなことを学ぶ必要がある」[176]と述べている。先のSWNCC176/8では「地方、地域および中央の行政機関は、機能や責任が占領目的と一致しないものを解体し、かつ、日本人官吏を排除した後は、充分活用する。存続を許された機関およびその要員は、行政上の最大限の責任を負わされ、機関の政策および指令を実施する責務を課せられる」[177]と記していたことからも、一から行政を立て直す考えはなかったのである。

一九四五年十一月十三日、米軍政庁下では「東洋拓殖管理委員」の指示により、日本人所有の土地が調査された。この日本人所有の土地に関しては、代わりに朝鮮人が耕すケースがあった。同年に出された本農第十二号「日本人土地小作料収納管理に関する件」である。これにより韓国で土地解放が行われた。しかしながら、土地解放、米の徴収、配給などを行ったが農民たちの生活が潤わなかった。当時の新聞では、「飢餓状態解決策は応急米配給と公価撤廃」（東亜日報一九四六年一月九日一面）といった飢餓に苦しむ農民の様子に関する報道が目につき、中には米を強奪し殺人まで犯すといった行為があった。他にも米の徴収や、配給に関する不平不満といった動きがあった。同紙の一九四六年二月十日付けでは、「他道の米穀運搬を厳禁、警察は発見次第没収」と報道されている。ソウルの食糧難で軍政庁が米の徴収、配給を行っているにも関わらず、地方では自分たちの地域で消費するため他道への搬出を禁止する措置がとられた[178]。このようなことから、米軍が行っていた政策は地方の抵抗があり、思惑どおりには実行できていなかった。この対策として一九四六年四月九日には食糧対策臨時措置を発表して、食糧問題に取組んだ。

このような米軍政庁の統治を阻害する動きをしたのが大韓民国臨時政府である。一九四五年十二月一日、最高唯一の政府として、金九を主席とし大韓民国臨時政府を維持しようという動きがあった。大韓民国臨時政府は、日本が朝鮮半島を統治していた一九一九年に上海で設立された。臨時政府という名称であるが、他国から認められていたわけではなく、朝鮮独立を目指し活動していた団体である。彼らのスタンスは韓国樹立後も変わることなく、朝鮮の独立をめざし、彼らの存在を国民に支持してもらえるよう東亜日報を通じて訴え続けた。韓国国民も日本の統治が終わり、独立できると思っていた矢先米軍による統治が始まった。独立を喜んだ朝鮮国民が、大韓民国臨時政府を支持するのは自然な流れであった。実際、同年十二月十八日には信託統治反対国民総動員委員会が結成され、信託統治反対声明が出された。その三日後にはソウル市民反対大会が開かれるなど、米軍政庁の信託統治に反対する運動が起こっていた。このほか、朝鮮独立同盟といった共産系の組織もでき思想闘争が繰り広げられていたことが、米軍の信託統治を困難なものにした。

当時陸軍中将であったA・Cウェデマイヤー米国大統領特使は自身の回想録の中で、目的達成に対する障害として次のように述べている。「朝鮮における米国の諸目的遂行に対する主たる障害は、北緯三十八度線により朝鮮が分割され、朝鮮に関するモスクワ協定の規定を遂行するうえでソ連の協力を得られないことに由来している」[179] 以上のようなことから、米軍の信託統治が思うように実行されにくい状況にあったことが推測される。

一九四八年五月十日、国連監視下で総選挙が開催された。この選挙で勝利したのが李承晩である。同年八月十五日、大韓民国が建国し李承晩が初代大統領に就任した。これにより米軍による信託統治は幕を閉じることとなった。米軍政庁下では日本統治時代の痕跡を排除しようと試みたものの、金融組合は実質的にそのまま継承された。

第二節　大韓民国樹立後の農業政策

一九四八年当時の韓国の経済基盤は農業であり、国民の約六割が農民であった。こうした中、一九五〇年に北朝鮮の侵攻により朝鮮戦争が始まった。このとき、釜山近くまで攻入ったことで、朝鮮のほぼ全土が荒廃した。南北は一九五二年停戦協定を結ぶが、戦争の影響で韓国における作物の収穫量が激減した。そこで政府は荒廃した土地の復興、米の増産等を目指し、戦災によって崩壊した生産力の回復に全力を注いだ。

第一に行ったのが農家経済の立て直しを図ることであった。政府から農民までの指導体系は図４－１のとおりである。内務部では、道、市郡を経由し邑、里洞（日本でいう区、町）といった末端まで中央政府からの伝達、指導が行き届くような縦のラインが形成されている。また、縦のみでなく、道から末端の里洞までは、それぞれの行政全般を扱う役所、農民組織とのレベル・地区における農業技術の開発、普及指導を担う役所・機関といった横のラインも形成された。

一九六二年四月一日、農林部は農村振興庁を発足させ農民育成を行う環境作りとして指導所を設けた。農村振興庁は一九〇六年に勧業模範場として水原に設立され、農事試験場を経て一九四六年に中央農事試験場として改称し使用されていた。ここでは、新しい技術の開発と品種改良および営農方法改善のための試験研究事業と、これを農民に指導し地域民の自助協同精神を抑揚させるための農村指導事業を行った[180]。

地方組織は道知事所属下に農村振興院とその傘下に採種、蠶業《さんぎょう》、種畜、家畜衛生の四個事業があった。さらに市郡別に百七十一個の市郡農村指導所と六百個の支所（二、三個邑面当一個所）を設け、対農民直接指導に当たった[181]。

図 4-1　指導体系図

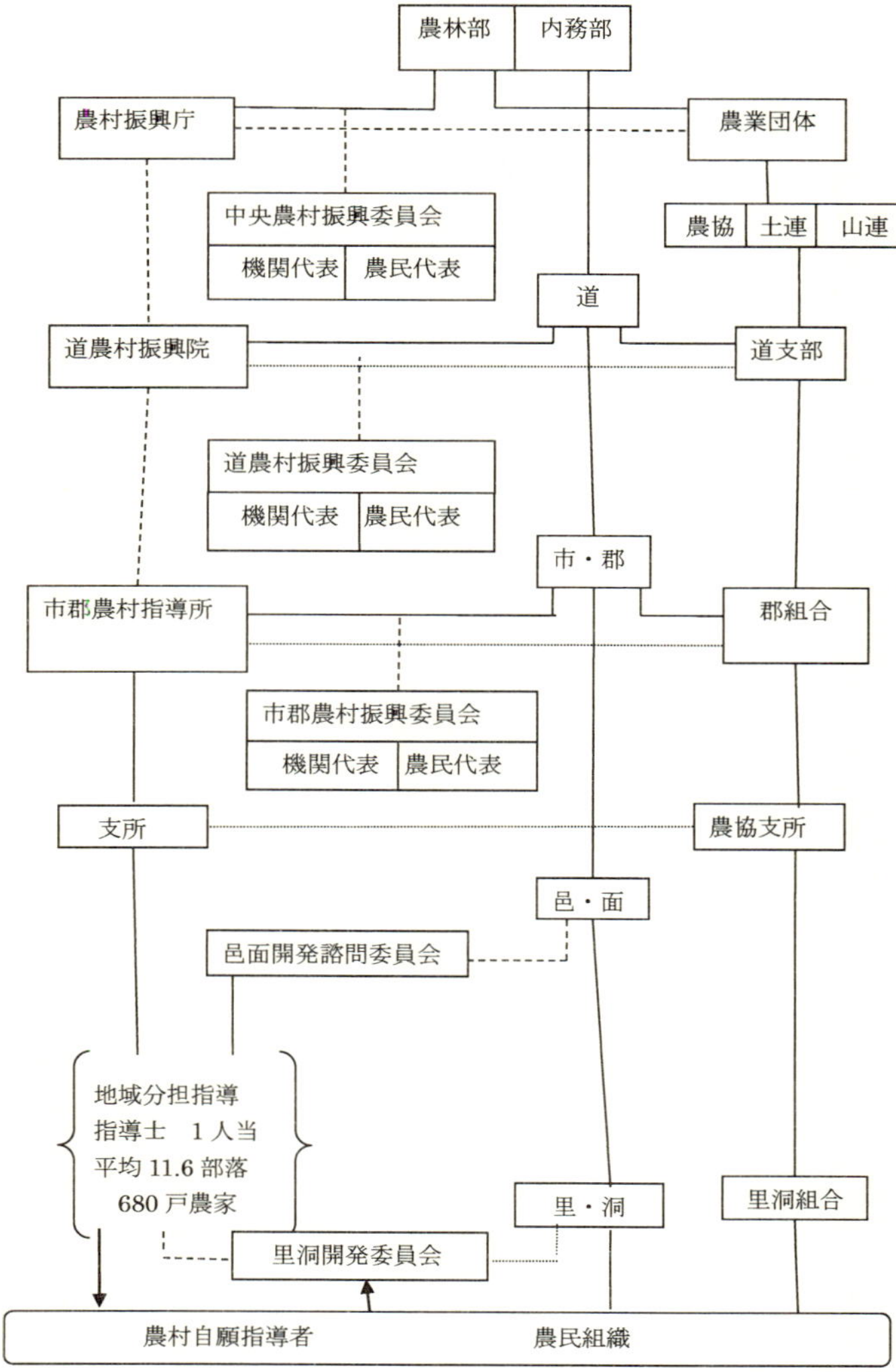

出所：農政局農業経済課『農業経済年報』農林部、1966 年、121 ページ

ここで注目することは、中央農村振興委員会の段階で、機関代表のみでなく農民代表が参加していることである。このことからも、政府と農民が一体となって復興事業に取り組むシステムを構築していたことがわかる。このような運動は農民所得の増大、生活改善を目的として行われた。運動成功のため、新しい農民をつくることを重点において政策は推進されていた。

このような農村振興庁による農村振興政策以前に実施された運動がある。金融組合が主体となって一九五二年から三年間実施した、「農村現物貯蓄運動」である。

金融組合は先に述べたとおり一九四五年の日本統治終焉直後米軍政庁においては統治時代の制度をそのまま踏襲した。そして、統治に悪影響がない限り、従来の組織がそのまま利用された。運動推進の背景には、朝鮮戦争中であった当時、資金が戦争に使われることで農村金融が疲弊し始め、戦後における農家経済の疲弊を見越し、農家経済向上のための農家金融の円滑化を図ることにあった。この運動の目的は次のとおりである。

（一）村経済疲弊の要因である単位農家経済の自立。
（二）農家に勤倹貯蓄思想と自立精神を養う。
（三）農産物収穫時に自律的にその収穫物の一部を消費節約し、現物貯蓄を行い、この資金を農業生産資金とし還元することで、復興向上の促進を図る。

実施期間は一九五二年から一九五四年の三年間で、対象農家は約二百万戸であり、すべての農家が対象となっていた。貯蓄は夏穀毎戸当り麦類五升、秋穀は正租一斗を目標とし、年間総目標は麦十万石、正租二十万石程度とした。この目標に対し、結果的に現物貯蓄金は三十億七百万ウォンに達した。貯蓄物は部落倉庫または金融組合倉庫に保管され、夏穀は九〜十月頃に、秋穀は三〜四月に各部落の代表者立会いの下販売された。代金は販売された後、各農家個人別に入金された。このとき、指定された現物貯蓄額に届かない農家は、叺やその他副業生産物、または現金を貯蓄した。このような現物貯蓄運動は、節米貯金運動として一九三〇年代に既に行われていた。この時の貯蓄方法は、組合が作った節米貯金袋に朝晩、一人一杯の粟か麦、米を集めるというものであった。この節米貯金袋と預金台帳に依って、毎月欠かさず貯蓄が実行された。この運動や副業をとおして、農民たちに「貯蓄」という概念と習慣を養わせたのである。副業内容も養鶏、叺織、養蚕を中心としていたことから、統治時代に行われていた生活がそのまま受け継がれていたことがわかる。

表4－1は、農村復興現物貯蓄運動における実績表である。懸命の取組みが実を結び、僅か三年間を取り上げて見ても一九五三年、一九五四年と百％を超える数値となり、農業成績が実績を上げていたことがわかる。これは日本統治時代から行われていた貯蓄運動により、農民たちにある程度貯蓄の概念が浸透していた結果といえる。ここで一九五二年に達成率がわずか十七％なのは、前年の水害の影響によるものである。

表 4-1　農村復興現物貯蓄運動実績

年度別	秋夏穀別	目標量	実績		
			数量	達成率	金額
1952	夏穀（麦類）	116,000（石）	19,158（石）	17（%）	385（百万圜）
	秋穀（正租）	232,000	116,359	50	
1953	夏穀（麦類）	105,887	106,613	100	730
	秋穀（正租）	211,812	228,543	107	
1954	夏穀（麦類）	102,545	202,573	198	1,892
	秋穀（正租）	615,270	532,962	86	
合計	夏穀（麦類）	324,432	328,334	101	3,007
	秋穀（正租）	1,059,082	887,864	82	

出所：農業協同組合中央会『韓国金融史』農業協同組合中央会、1963 年、212 ページ

第三節　新しい農民運動とチャルサルギ運動

李承晩は一九四八年、大韓民国建国の国会本会議の施政演説で農業協同組合組織に対し考慮することを示唆するとし、農業協同組合組織概要と農業協同組合の立法活動を始めさせた[182]。農業協同組合の組織体系は里洞組合・市郡組合・中央会と三段階で構成され、一般農業協同組合・園芸協同組合・畜産協同組合・特殊農業強度組合の四種類に区分される。

一九六一年に総合農協へと変わった農業協同組合は、農民組合員の協同精神と参与意識を高め農協に対する意識を変えるべく、一九六四年に啓蒙運動を開始した。運動内容は、組合員全員の自助・自主精神を育成させ、主体意識を広告し組合の経営体質を改善しようとするものであった。この運動が大々的に展開されたのは翌一九六五年の八月十五日で、自立・科学・協同する農民像を標榜とし「新しい農民運動」を全国的に展開した。農業の発展、国民の意識改革というのは、当時大統領であった朴正熙の思いである。

一九六五年一月十六日の年頭教書では次のように唱えている。少し長くなるが引用したい。

親愛なる国会議員のみなさん、そして国民のみなさん！

解放以来二十年、六・二五動乱からすでに十五年になるこの新年にあたって、われわれはいまだかつて感じたこともないほどの深刻な感慨を禁じえないのであります。すでに他国民はことごとく、戦争がもたらした廃墟のうえに繁栄の花を咲かせ、或は荒涼たる砂漠を開拓して豊かな社会を建設しているのに、われわれはこの貴重な二十年のあいだ何をしたかを省りみるとき、骨身に滲みる反省と自責の念を強くせざるをえないのであります。（略）

国民の一人一人が自立への強い意志と不屈の勇気をもって仕事場にゆき、もっているものを大切にし、より多くつくり、よりいっそう働くならば遠からずしてわれわれは、過去二十年間の無為の日々をとりもどしうると信ずるものであります。いまこの瞬間から、われわれは歯を食いしばって、汗を流して働かねばなりません。混沌と足踏みのなかに、あたら過ぎていった二十年の古いしこりを洗い清めて、真にやり甲斐ある仕事、意義ある仕事をはじめねばならないのであります[183]。

また、一九六七年一月一日の全国農民に送るメッセージで、「農村の復興と農民所得の向上のために、政府がいろいろな施策を計画し、ばく大な資金を投入するとしても、それが期待した成果を収めるためには、自力で更生しようとする農民の意欲と自信、また、忍耐と努力が必要である」[184]と述べている。さらに、一九六七年八月十五日の農協発足記念日メッセージでは、「これからはわが国の農民たちも、他人に依存する習性を捨て、かえって他人を助けるという心構えをもって、身近くの生活環境から一つ一つ改めていかなければならない」としている。このようなメッセージからも、朴正煕が農民の精神改革を重要視していたことは明らかである。

新しい農民像となった三つのスローガンは、一九三〇年代に宇垣一成が行った「農村振興運動」と酷似している。この時のスローガンは「勤勉・自助・協同」であり、このスローガンは一九七一年より実施された「セマウル運動（新しい村運動）」と同じである。宇垣が行った「農村振興運動」では、営農指導、教育を始め農家の生活改善、心田開発[185]といった意識改革が行われた。ここでいう「新しい農民像」の農民の定義は次のとおりである。

①自立する農民…我々は悪習から脱し希望に満ちた「自立する農民」になろう。
②科学する農民…我々は勤勉に学び、粘り強く研究し、営農と生活を改善し「科学する農民」になろう。
③協同する農民…我々は共同の利益のために互いに力を合わせ住み良い故郷をつくる「協同する農民」になろう[186]。

上記①で「悪習から脱し希望に満ちた自立する農民になろう」と記載されているのは、朝鮮の農業形態や風習を表している。これまで述べてきたとおり、朝鮮農民に自助や勤勉さがなかったことは、朝鮮時代に舎音や郷吏といった農村管理者から搾取をされ続けたことに起因する。この状況から脱し、農民を自立させようというのが、①に記載されていることである。農民像は宇垣が唱えたスローガンとは異なるものの、農民の自立・勤勉・協力といった面で共通している。

農業協同組合は、上記のような「新しい農民像」に近い者を選び、総合像・自立像・科学像・協同像・

女性像・努力像・女性努力像といった賞を与え、農民の自助力を引き出させようとした。では、先に述べた農民像で実際に選ばれた農民たちがどのような活動を行ったのか、受賞した農民の具体例を挙げる。

事例①

朴鐘安は、一九六六年に第一回総合像に選ばれた。彼は二十六才で大阪農芸大学を卒業した後、帰郷し二町歩の山を購入した。そこに柿、梨、ぶどうなどを植え果樹園をつくり、さらにみかん五十株を植栽した。これにより彼が十万ウォンの所得を上げたことで、村人の認識を変えた。そして、彼は済州島から柿一万五千株を購入した。

事例②

呉澤均氏は一九六七年に自立像を受賞した。彼は一九歳の時、夜には夜間中学に通い昼に農作業をしていた。彼は村の富農から三十町歩中、三千坪を借り、畑にビニールハウスを設置し、トマト、きゅうり、なす、すいかなどを育てた。さらに軍隊除隊後、一千個の松を栽培した[187)]。他にも農協で組合員に技術指導をするなど積極的な活動が受賞の要因となった。

このように、農協は新しい農民運動が農民に浸透するよう新しい農民育成に対する総合計画樹立、生産基盤造成のための土地基盤整備、新しい農業技術の高度活用、協同組合の高度利用、そして生活改善と福祉向上施設の設置を主力とした[188]。
これまで述べてきた農地改革法や新しい農民運動により、少しずつではあるが生産性にも変化がみられるようになった。図４－２は穀物収穫高を表したものである。一九六七年の収穫高は総量としては下がっているが、ここで見ると米穀と麦類が若干減少した程度である。また図４－３は農業所得の変化を表しており、一九七〇年以降、急激な伸びを示している。この要因の一つは一九六五年の日韓国交正常化により日本が支援した経済援助金によるものである。朴正煕はこの金をソウルと釜山を繋ぐ京釜高速道路の建設に充てた。この高速道路の開通で流通が活性化されたことも、急激な生産性の伸びへと繋がっていったのである。

政府は農民の精神改革とともに、農事改良や技術改革を行うための指導を実施した。このほか、成人農民の学習団体、農事改良倶楽部、４－Ｈ倶楽部等の活動を強化することで、農村内部の技術革新運動を助成する働きを行った。４－Ｈ倶楽部とは、アメリカイリノイ州で発生した「とうもろこし倶楽部」が原点となっている。４－Ｈは頭（Head）、心（Heart）、手（Hand）、健康（Health）を指し、子供の頃から農業技術と知識を身につけるための課外活動の一つである。このクラブは農村振興法により、中央、道、市郡、邑面単位で連携を図り、図４－４のとおり指導事業を行った組織である。

図　4-2　穀物収穫高（精穀）

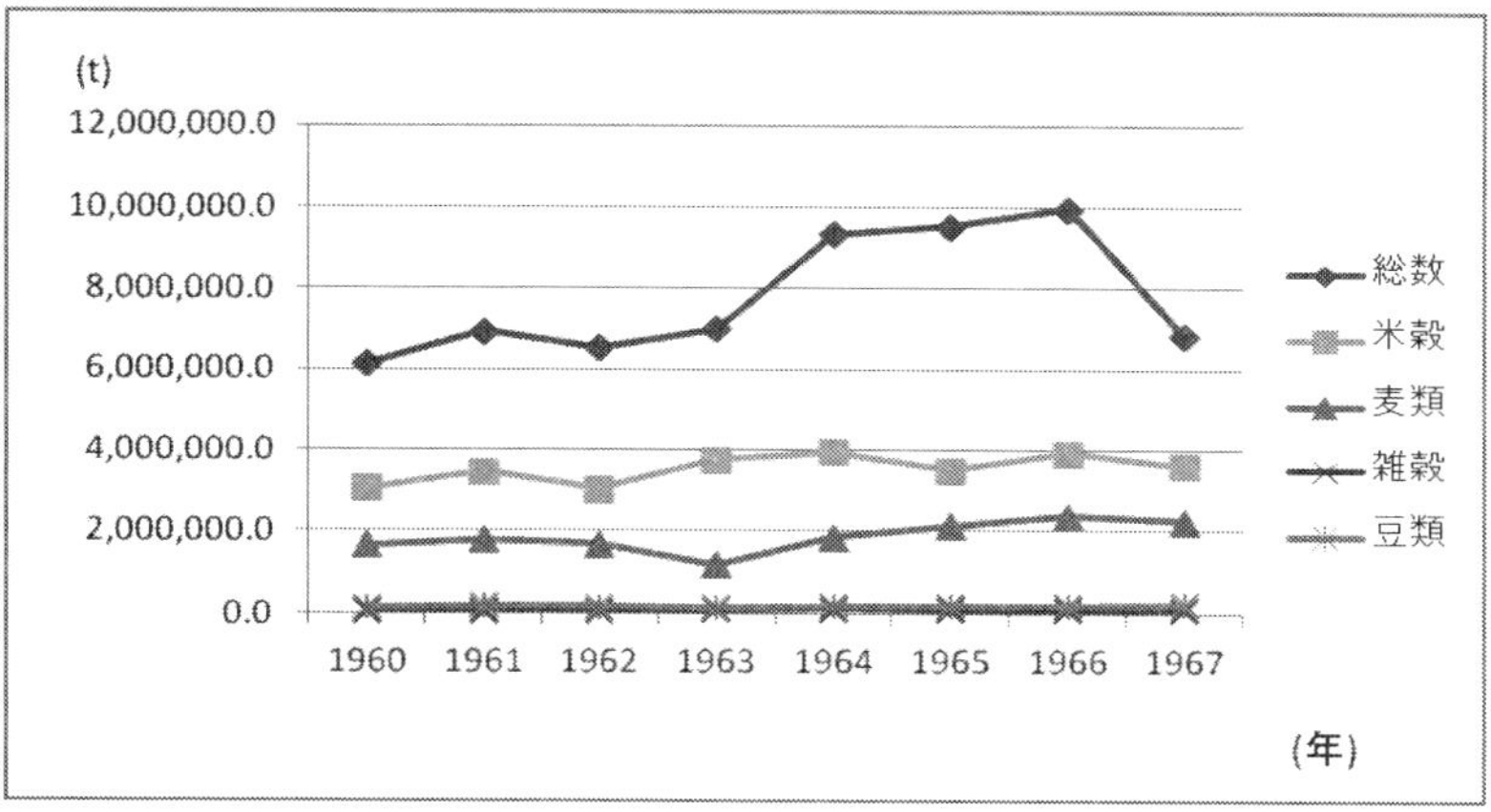

出所：日韓経済新聞社『韓国年鑑 1970』日韓経済新聞社、1970 年より筆者作成

図　4-3　農業所得の変化

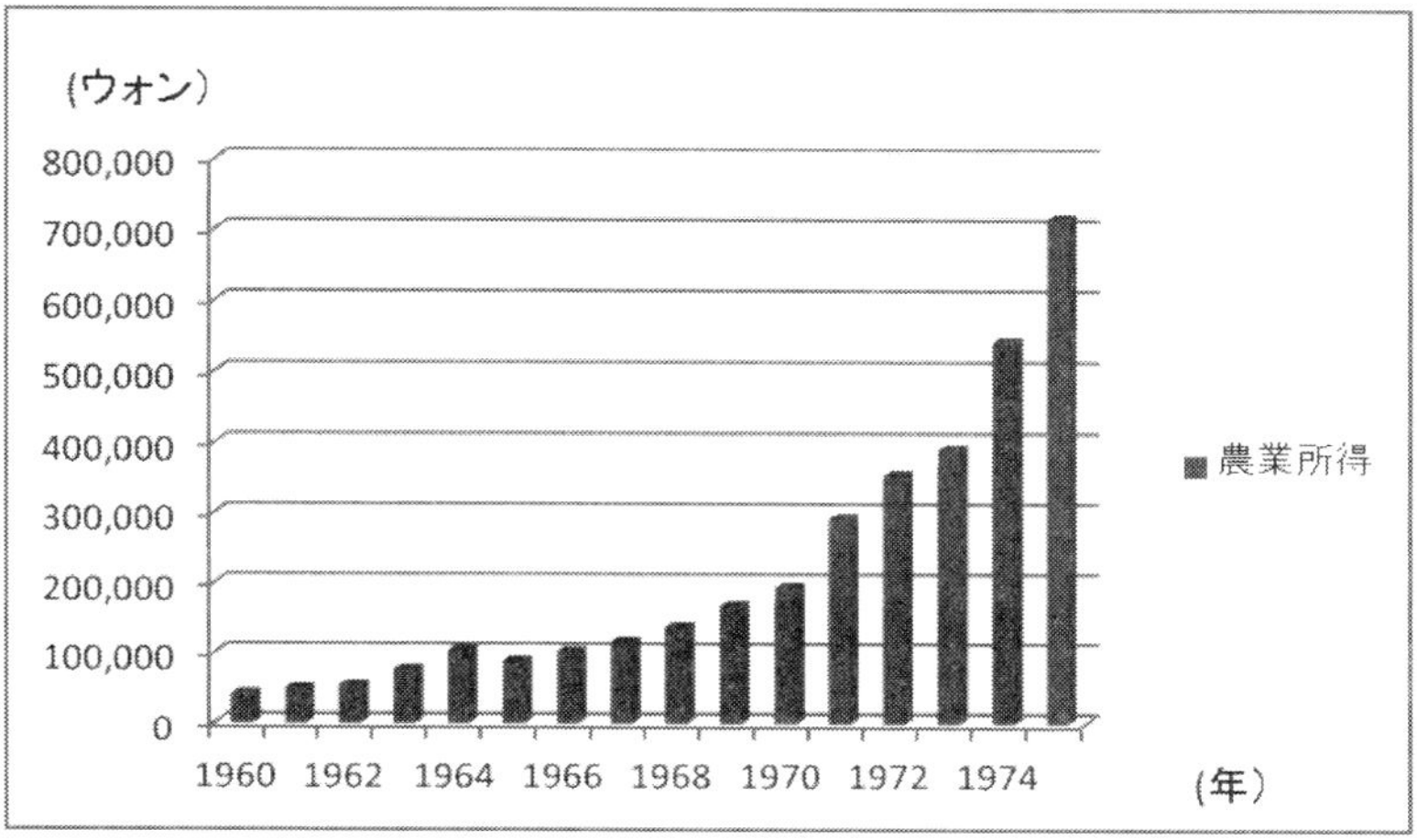

出所：農林部『農業経済年報』農林部、1967 年、上原金一『韓国年鑑 1977』日韓経済新聞社、1977 年より筆者作成

図 4-4　農村指導事業機構

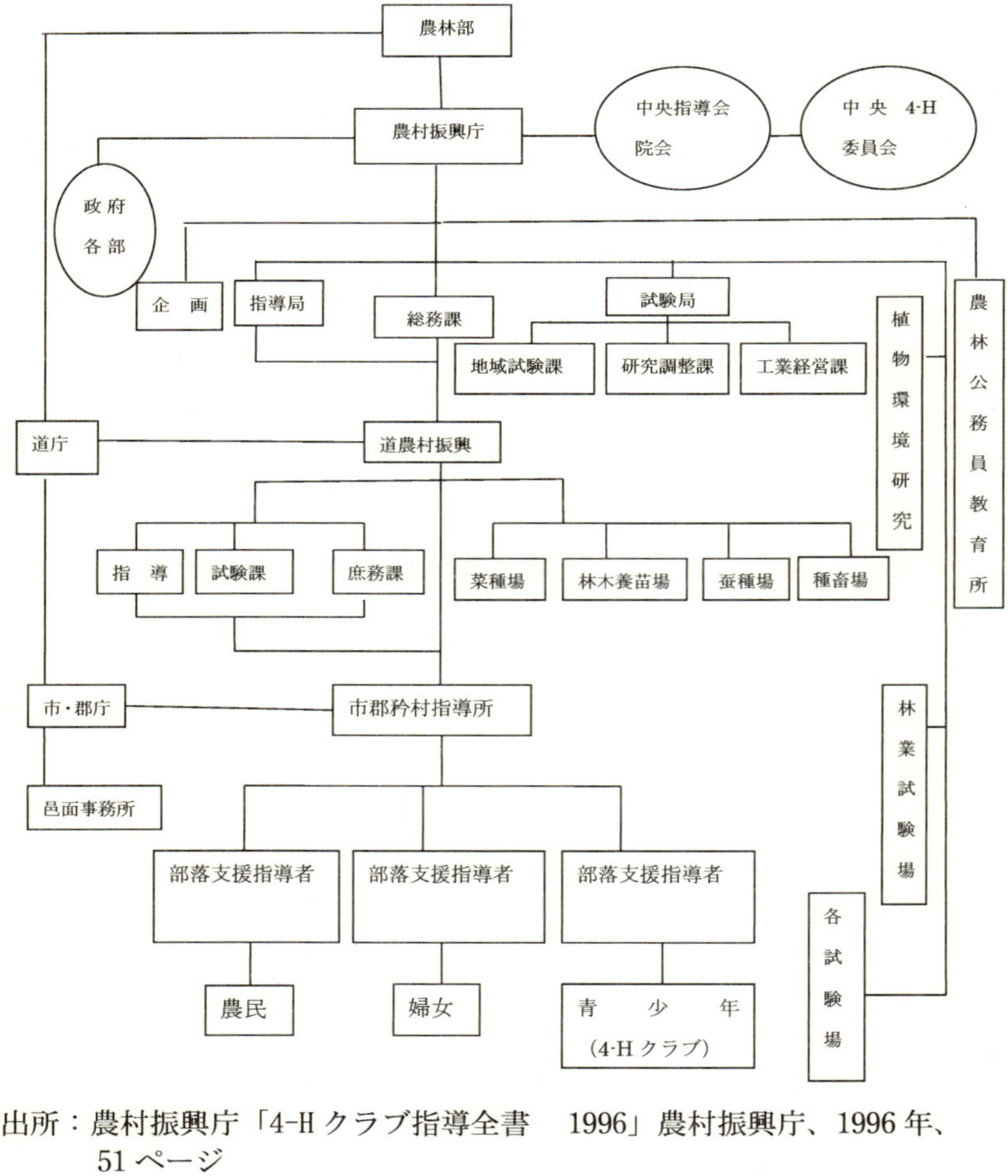

出所：農村振興庁「4-H クラブ指導全書　1996」農村振興庁、1996 年、51 ページ

その活動実績は、一九六四年には農事改良指導のために、展示圃を五千五百五十一ヶ所に設置して指導するほか、土壌検定を五百十五万五千百十八点、営農改良のために営農診断を一万七千二百九十八戸行っている。また、青少年には農事知識を普及させるために、農工訓練を実施した。ここでは、農民指導に対する各種技術教材の農村指導誌を発刊し、さらに巡回指導を実施し、指導力強化の為の指導員増員と支所を増設した[189]。

また、教育部教務課により、農村指導者の養成計画が実施された。この計画は大学卒業以上の青年、農村指導に前衛的で挺身な人材を対象とし、必要な講習訓練を行った後、農村指導事業の中枢的役割をさせる。そして最終的には農村内の中心人物を養成するというものであった。

『韓国農業金融史』の中で明示されているこの農村指導者教育、農民育成の主な方法は以下のとおりである。

一・教育の種類…①農村指導専任職員の養成（長期講習）
②役職員の再教育（短期講習）
③技術指導員の養成（中期講習）
④農村中心人物の養成（長期講習）
⑤殖産契幹部の養成（短期講習）

二・講習科目…社会生活（国民精神、民主主義論、歴史）
生活改善（生活方式、農村文化）
協同組合論（協同組合原論、協同組合史）
協同組合経営（信用組合経営、事業組合経営）
農業経済
農家簿記
殖産契運営　　　　など
190）

講習科目については上記より多く、講習科目は講習の種類により各科目から適切なものを選択することとなった。講習の実施方法は次のとおりである。

（一）講習は必ず自主的に受講を行う
（二）出来るだけ早く実習を行い、見学を通し実技を体得する
（三）夜間には講演を聞き、討論を行う

以上の方針により、農村指導者講習会、金融組合責任者講習会、技術指導講習会、殖産契長期講習会などが開催された。講習中は合宿形式で受講生が寝食を共にした。このように農村育成に関し指導者の

育成に力を注ぐことで、農民の底上げを図ろうと試みたのである。

この指導者の育成事業についても、日本統治時代に行われた中堅人物の養成とよく似ている。このことから、教育部が行った農村指導者の養成は、中堅人物の養成事業が基となっていると考えられる。

これまで述べてきたように、農林部を中心とした政策も展開されているが、政府の政策とは別に、村人自らが率先して行ったケースもある。それが「セマウルカックギ運動」である。「セ」は「新しい」、「マウル」は「村」、「カックギ」は「作る」という意味で、日本語にすると「新しい村づくり運動」となる。この新しい村づくり運動は一九七〇年からは政府主導でも行われたが、その起源となる活動は一九五〇年代から既に地方の農民により自主的に行われていた。慶尚北道清道郡神道村は、一九五七年から「チャルサルギ運動」（良い暮らし運動）と称した、村改革を行っていた。村では朴・ジョンテ、金・ボンヨン、李・インウの三人がリーダーとなり、村の整備事業を展開した。

筆者は二〇一〇年三月、実際にこの村を訪れた。その際、チャルサルギ運動のリーダーの一人であった朴・ジョンテから、当時の村の様子や運動時の話を聞くことができた。

事例　慶尚北道清道郡神道村におけるチャルサルギ運動

この村は幸い朝鮮戦争の被害に遭わなかった。さらに、運動を始めた際リーダーたちの意見に反対する者もおらず、村人皆が自分たちの住んでいる村の改善運動に積極的に参加した。だが、セマウル運動発祥地の広報ビデオでは、運動を提案したのは金・ボンヨンだった。彼は当時三十歳であった。久しぶりに故郷に帰ってきた金・ボンヨンは何も変わらず、発展しない村にショックを受け、このままでは食べていくことが大変になると感じた。そこで村人を集め、村改革を提案した。初めは彼の意見に反対した農民たちであるが、四十三日間で横幅四メートル、長さ二千五メートルの農道改革を行った。当時は機械がないため、すべて手作業で行われた。その後、四百七十メートルの土木工事で河川を作り、橋も架けた。この村では何か事業を始める際、公民館に集まりリーダーたちを中心に村人全員が納得するまで議論した。もちろんこの方法では時間はかかるが、全員が納得することで積極的に事業に取組んだ。

そしてこの村は一九六九年台風で廃墟となったが、住民の手で道路整備、屋根の修理などを行い、以前にも増して住みよい村を作ったという。こうした取組みが、当時の朴正熙大統領の関心を引いたのである。はじめに触れたが、朴大統領は一九六九年七月に慶尚道を襲った水害地を翌月訪問した。その際車窓から、水害から復興していたこの村が見えた。朴正熙は電車を降り、村を視察し、一軒一軒訪問しては村人たちから直接話を聞いて回ったそうである。朴正熙は彼自身が農家の出身であったことから、農業問題への関心が強かった。

この村は朴正熙が訪問した以外にも、セマウル運動指導者たちが訪問し、事業の様子を吸収していた。このような当時の状況は、清道にある「セマウル運動発祥地記念館」にパネルとして残されている。この村以外にも、釜山近郊の金海地区では篤農家がビニールハウス栽培を行い、浦項のキゲ村においては「良い暮らし運動」が展開されていた。キゲ村にある「セマウル運動発祥地記念館」にも同年の春に訪問したが、清道同様運動当時の写真や資料が展示されていた。これによると当時、この村では副業として養蚕が行われていたことがわかる。

この村は朴正煕の時代になると模範部落に指定された。そのきっかけとして、朴正煕は一九七二年鎮海にある海軍士官学校卒業式に参席した帰り道、農林長官の語るこの村の成功談に耳を傾けていた191)。一九七〇年から開始された「セマウル運動」も始めの頃は、「セマウルカックギ運動」とも呼ばれていた。先に述べたように、セマウル運動以前から地方農村において村改革が行われていたことは、朴正煕がセマウル運動を生みだす起爆剤となった。次の章では朴正煕とセマウル運動との関係についてみていきたい。

第五章　一九七〇年代に韓国で展開されたセマウル運動

第一節　韓国の自立を目指した朴正熙

第五代から第九代にわたり大統領を務めた朴正熙は、一九一七年慶尚北道善山郡亀尾面サンモ里で農夫朴成彬・母白南義の間に五男二女の末っ子として誕生した。彼を妊娠したとき彼女の年齢は四十五歳と高齢であったことから、まわりの人達に気づかれないように子どもをおろすつもり[192]であった。そして流産するといわれる手段をいくら試みても、堕胎を拒むかのように効果は得られず、旧暦の九月に産声をあげた。

朴正熙の家は「秋夕」[193]の時でさえも肉を食べることができないくらい貧しい家庭だった[194]。しかし朴正熙は家が貧しいながらも、亀尾普通学校に通うことができた。彼は学校の通り道、大邱にあった日本軍部隊の野外訓練を熱心に見物していた。小学校での成績は四年生の時に一度二番になったことを除き、六年間常に一番であった。その後、大邱師範学校を受験するのであるが、定員百人に対し、志願者は千九百人もいた。しかも、百人のうち九十人は日本の学生が選ばれた。その試験に朴正熙は亀尾普通学校から唯一人合格した。

昭和十二（一九三六）年に大邱師範大学を卒業後は、慶尚北道にある聞慶小学校の教師となった。三年間勤めた後、満州軍官学校に入学し軍人の道を歩む。その後、将軍となった朴は墓参のために故郷に帰ったことがあった。その時に出会った家族は田舎では暮らせないため、歩いて都会へ行く途中だった。

この家族を見た朴大統領は自分も田舎育ちという境遇から胸が締め付けられる思いだった[195]。そこで彼は貧困を改善し、国民が安心して暮らせるようにしようと決心した。

一九六一年、朴正熙は軍隊の力で国を正そうと軍事革命を起こし、大統領に就任し、「祖国の近代化」を国政の主要政策の一つとして掲げた。朴正熙が祖国近代化に積極的に取り組んだ背景には、一九四五年から一九六四年まで米国からの援助を受けていたことに起因する。韓国に対し援助が始まったのは一九四五年九月頃、米国政府のＧＡＲＩＯＡ計画による緊急物資援助からだった。（GARIOA=Government and Relief in Occupied Area=占領地域行政救援計画）この計画は主に食糧・肥料・被服供給と鉄道通信補修・公共用役維持に対する緊急物資供給などに重点を置き、五、六年継続した。この合計金額は五億二百十万六千ドルであった。他にも一九四六年二月ＯＦＬＣ（OFLC=Office of the Foreign Liquidation Commissioner=海外清算委員会）から借款形式で二千四百八十七万ドル相当額の余剰物資を導入している[196]。このような様々な援助を合わせると三十七億三千三百七万七千ドルであった。いつまでも米国の援助に依存していたら、自立国家になることができないという朴正熙の思いがあった。

国家再建にあたり、自由、正義、そして連帯と協同、つまり共通した民族的結合によって実現される相互の義務負担が基本的理念とならねばならない[197]と主張している。そして自立した国家に発展させるために、零細農業からの脱却が急務であった。彼自身の経験からか生活改善、貯蓄、勤勉精神の必要性を積極的に唱えた。一九六八年、勤勉のないところに生産の増加はなく、生産の増加のないところに所得の増加があろうはずがない[198]と国民に対し新年のメッセージを述べた。

朴正煕は国民に対し演説で意識改革や生活改善を唱えるのみでなく、高速道路や汽車での移動中に車窓から村を観察したほか、毎年田植えの時期に農村に出かけ、農民と一緒に田植えをし、稲の収穫時には共に収穫した。

第二節　勤勉・自助・協同を唱えたセマウル運動

セマウル運動は住みよく豊かな村を自分たちでつくろうという、その名のとおり、新しい村運動である。貧困を打開するための村における共同体再構築運動で、朴正煕の言葉を借りると「民族の一大躍進運動」[199]である。

一九六七年七月、慶尚南・北道一帯は水害にみまわれた。同年八月に朴が水害地を視察していたとき、慶北清道邑神道一里に立ち寄った。この村はただ復旧するのみでなく、生活環境まで改善させていた[200]。その経緯が村人たちの意思だと聞いた朴は深い感銘を受けた。この村は現在「セマウル運動発祥地」として「セマウル運動発祥地記念館」が創設されている。記念館発表では朴正煕が里に立ち寄ったのは一九六九年であるとしている。

朴正煕が大統領に就任して七年が過ぎた一九七〇年四月、韓国の農村はひどい干ばつにみまわれ、農作物は枯れ農民たちは失意のどん底に落ちて、生き抜く力さえも失っていた。この状況を見て、朴正熙はその年の四月二十二日、干害対策のための全国地方長官（道知事）会議の席上で、次のような提唱をした。

自ら助ける村はいち早く発展するが、そうでない村は、五千年の歳月を費やしても貧困から脱け出すことはできない。わたしは、自らの郷土を発展させるための志ある若人たちが集まって対策を講じ、自力でできることは部落総動員でやりとげ、力のおよばないことは政府に要請すれば、喜んでこれを支援する方針である。またこの運動をわれわれが推し進めていかねばならないが、この運動を〟セマウルづくり運動〝と呼んでもよく〟勤勉な村づくり運動〝と呼んでもいいと思っている[201]。

この提議に従ってセマウル運動（初期の運動をセマウルカックギ運動と称するものもある）が行われることとなる。朴正熙は「セマウル運動」に対し、「自分の村は自らの手で住みよい村につくりかえるという自助の精神をよびおこし、汗を流してはたらけば、すべての村がまもなく豊かな村にかわることを確信します」[202]と強い意欲を見せた。また「意欲のない人を支援するのは、お金の浪費です。なまける人は国も助けてやれません」と厳しい言葉も述べている。これは、貧しい農家に生まれ苦労を知っている朴正熙だからこそ出た言葉であろう。

運動は一九七〇年十月から翌年六月まで農閑期を利用して推進された。全国三万四千六百六十五の農漁村に、三百〜三百五十袋ずつのセメントが無料で配られた。このセメントであるが、農家の屋根改良、小河川の堤防改造など使用方法は全て村民に一任した。朴正煕は三十億ウォン内でのセメント支援の方針を立てたが、実際に運動に投入された資金は、国費二十億ウォン、地方費十六億ウォンの合計三十六億ウォンであった。さらに、住民の開発意欲により、自体資金五十二億ウォン、労力負担二百十億ウォン、寄付金および現物喜十七億ウォンをあわせて総額三百十六億ウォンが事業に投資された[203)]。

各道の知事と郡守がセメントの使用効果を調べたところ、三万四千六百六十五の村のうち一万六千余りの村で立派な成果を収めていた。翌年は、成果がよかった一万六千六百村にのみ、村ごとにセメント五百袋と鉄筋一トンずつ配る支援計画をたてた。つまり、残りの一万八千の村には一切支援をしない。この方針に対する朴正煕の考えが次のとおりである。

この事業を進めるにあたっては、なによりもまず、地域住民たちの自助精神・参与意識・協同精神そのうえ、すでになし遂げた成果などを参考にし、そのような精神が強く、展望の明るい部落を選定して行うようにしなければなりません。

せっかく、セメントや資材などを支援したところ、部落の住民たちに団結心も共同心もなく、自助精神も欠け、一包ずつ分け使ってしまうような部落には、始めから支援する必要がないのであります。これを最大限に活用する、協同心の強い、自助精神の強い部落を優先的に支援してやるべきであります[204)]。

つまりやる気のない部落を支援したところで自助は育たず、政府への依存が助長されるとの考えである。そして、自ら努力し成果を上げた村にのみ支援することにより、周りの村の自助を促そうとしたのである。

この朴正煕の方針に対し、内務部当局は支援されなかった村からの反発を恐れたが、農民の反応は違った。なんと支援からはずされた村の中で、自ら進んで自力だけでセマウル事業に参加した村が三分の一以上の六千百八ヵ所あった。運動の結果、次の三つの教訓があがった。

① セマウル指導者の確保に関する問題
② 住民の参与意識と自助、協同する姿勢
③ 助意欲の点火の為の政府の支援要領

朴正煕は勤勉・自助・協同して優秀な成績をあげた村（課題を多く達成できた村）を優先的に支援するという原則の下に、三万四千六百六十五の村を、「基礎村」、「自助村」、「自立村」と三つに区分した。

基礎村…逆に勤勉・自助・協同の精神がなく、参与度も最も低い村
自助村…勤勉の精神を持っているが、自分では村作りはできず、運動に参与はするが、達成できなかった村
自立村ほど

自立村…勤勉・自助・協同の精神を持っており、セマウルカックギ運動において最も参与度が高い村

朴正熙はまず、農民自身が奮起を起こして土地を回復し、作物の生産を向上させることを考え、そこで出たのが、勤勉・自助・協同の精神であった。精神啓発は、おのおのの心の姿勢を矯正指導することであるため、自らが目ざめ、また、啓発しなければならない[205]。そのため朴正熙は基礎村に刺激を与えるために、自助村、自立村にのみ支援を行った[206]。ここに朴正熙の思惑がある。支援をもらえなかった基礎村は支援を受け取り、日に日に変化していく他の村をみて、セマウル事業を熱心に行うようになった。韓国全地域におけるセマウル区分は表5－1のとおりであり、自立村はわずか七％にすぎなかった。

セマウル運動の推進は図5－1に示されているように、国民が勤勉・自助・協同の精神を持ち、率先して取り組むことで新しい歴史の創造に繋がるとされた。

事業の推進としては、まず事業計画を確立するのであるが、日程を組む際は運動推進時期と季節的なものを考慮して組まれた。それは農繁期には農業に力を注いで所得を増大させることが望ましく、農閑期には環境改善事業や農家副業にいそしむのがよいと思われた[207]からであった。また、事業範囲としては規模を小さくした。そして運動の主体はあくまで農民であったが、事業を完了させるために政府は適宜に援助を行った。

協同団体は中央に「セマウル運動中央協議会」があり、市・道と市・郡単位ではセマウル運動協議会が設立されている。邑・面には「セマウル運動推進委員会」、村には「里・洞開発委員会」が構成され、

表 5-1 セマウル運動　基本現況

	面積	家口数			人口数			セマウル区分			
	(km^2)	計	市部	郡部	計	市部	郡部	基礎	自助	自立	計
全国	98,477.48	5,864,330	2,659,302		31,469,132	12,955,265		18,415(53%)	13,943(40%)	2,307(7%)	34,665
ソウル特別市	613.04	1,097,432	1,097,432		5,536,377	5,536,377					
釜山市	373.23	37,194	371,940		1,880,710	1,880,710					
京畿道	10,957.71	641,290	179,297	461,993	3,358,105	911,049	2,446,992	1,915(46%)	1,984(47%)	285(7%)	4,184
江原道	16,712.03	352,484	74,152	278,332	1,866,928	382,229	1,484,676	389(20%)	1,290(68%)	225(12%)	1,904
忠清北道	7,436.64	262,176	43,108	219,068	1,481,566	231,671	1,249,884	1,297(53%)	984(40%)	150(6%)	2,431
忠清南道	8,699.22	500,279	87,588	412,691	2,860,690	492,914	2,367,737	2,138(53%)	1,679(42%)	225(6%)	4,042
全羅北道	8,050.87	427,346	83,613	343,733	2,434,522	462,039	1,972,448	3,511(68%)	1,320(26%)	300(6%)	5,131
全羅南道	12,059.75	703,889	159,631	544,258	4,005,735	885,115	3,120,534	3,559(57%)	2,314(37%)	330(5%)	6,203
慶尚北道	19,797.81	850,273	278,646	571,627	4,559,584	1,392,885	3,166,552	2,769(50%)	2,410(44%)	360(6%)	5,539
慶尚南道	11,947.61	574,229	131,483	442,746	3,119,393	673,820	2,445,511	2,817(56%)	1,825(36%)	402(8%)	5,004
済州島	1,829.57	82,992	23,803	59,189	365,522	106,456	259,061	20(11%)	137(73%)	30(16%)	187

出所：内務部地方局農村開発官室編『セマウル総覧　総合編』大韓地方行政協会、1972年

図　5-1　セマウル運動の重点目標

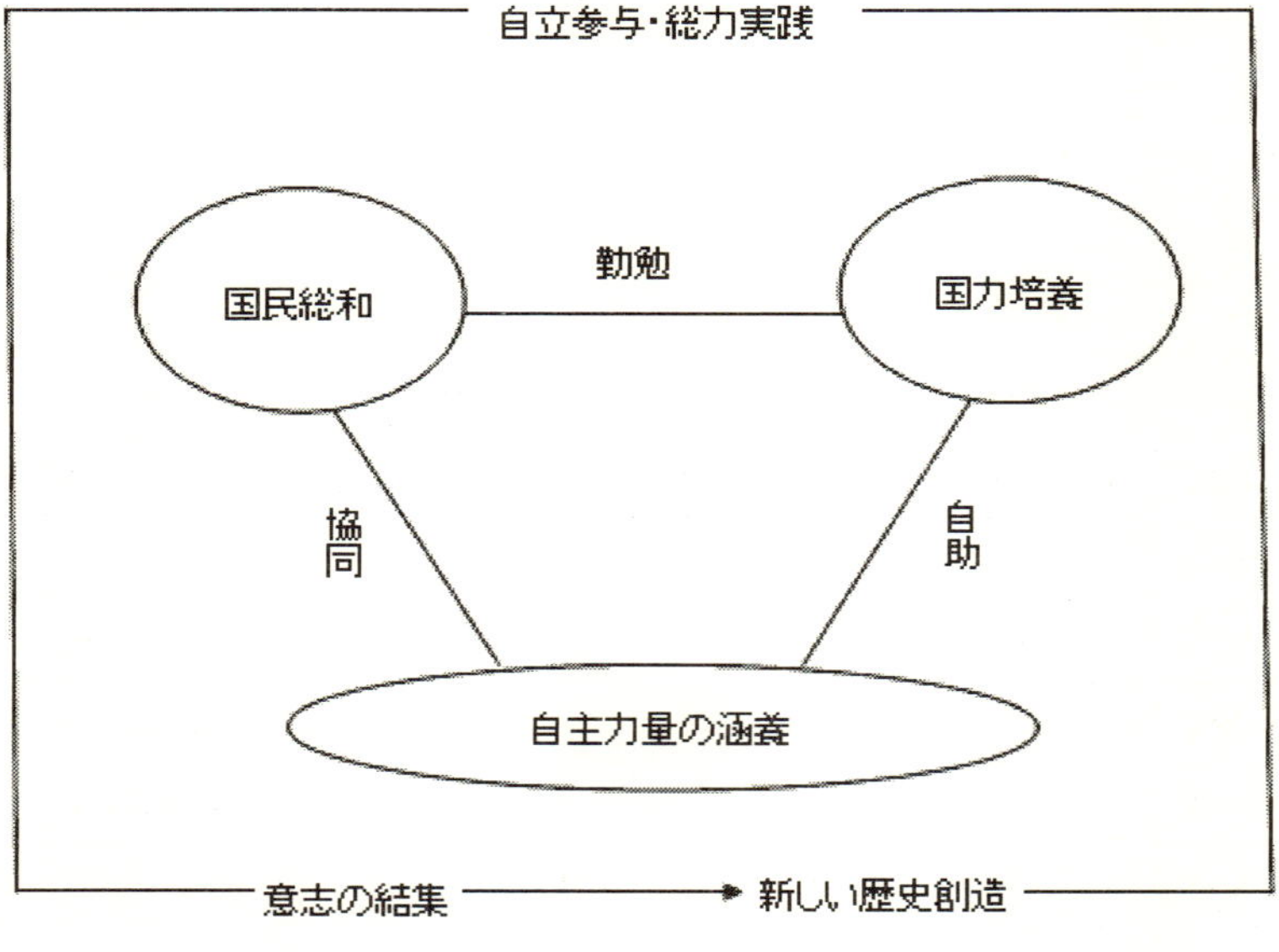

出所：セマウル運動中央協議会『'77　セマウル運動総合指針』セマウル運動協議会、1978年、9ページ

運動が実施された。この各協議会との関連機関は図５‐２のとおりである。

朴正煕はセマウル運動成功のために農民の意識改革を重要視した。「セマウル精神」を積極的に国民に呼びかける姿勢が彼の演説でみられる。

「新しい村づくりの運動」の精神を、わたくしは近ごろ「セマウル精神」と呼んでいる。「セマウル精神」とはなにか。「自立・自助・協同」の精神である。ふだんわたくしが口ぐせのように国民たちに頼むことだが、農民たちは、豊かに暮らしてみようという意欲がなければならない。よりいっそうの努力でりっぱな暮らしを立てようという自助精神、他人に頼ることなく自力でやろうという自立精神、これが「セマウル精神」である。

一九七一年九月二十九日　〈「稲刈り大会訓示」〉

全国で展開されたセマウル事業は次の四つである。

セマウル基本事業…新しい村づくり、屋根の改良、道路拡張など
セマウル支援事業…国土づくり、小河川づくり、農漁村電化など
セマウル生産事業…セマウル増産協同事業

図 5-2 セマウル運動推進協助体

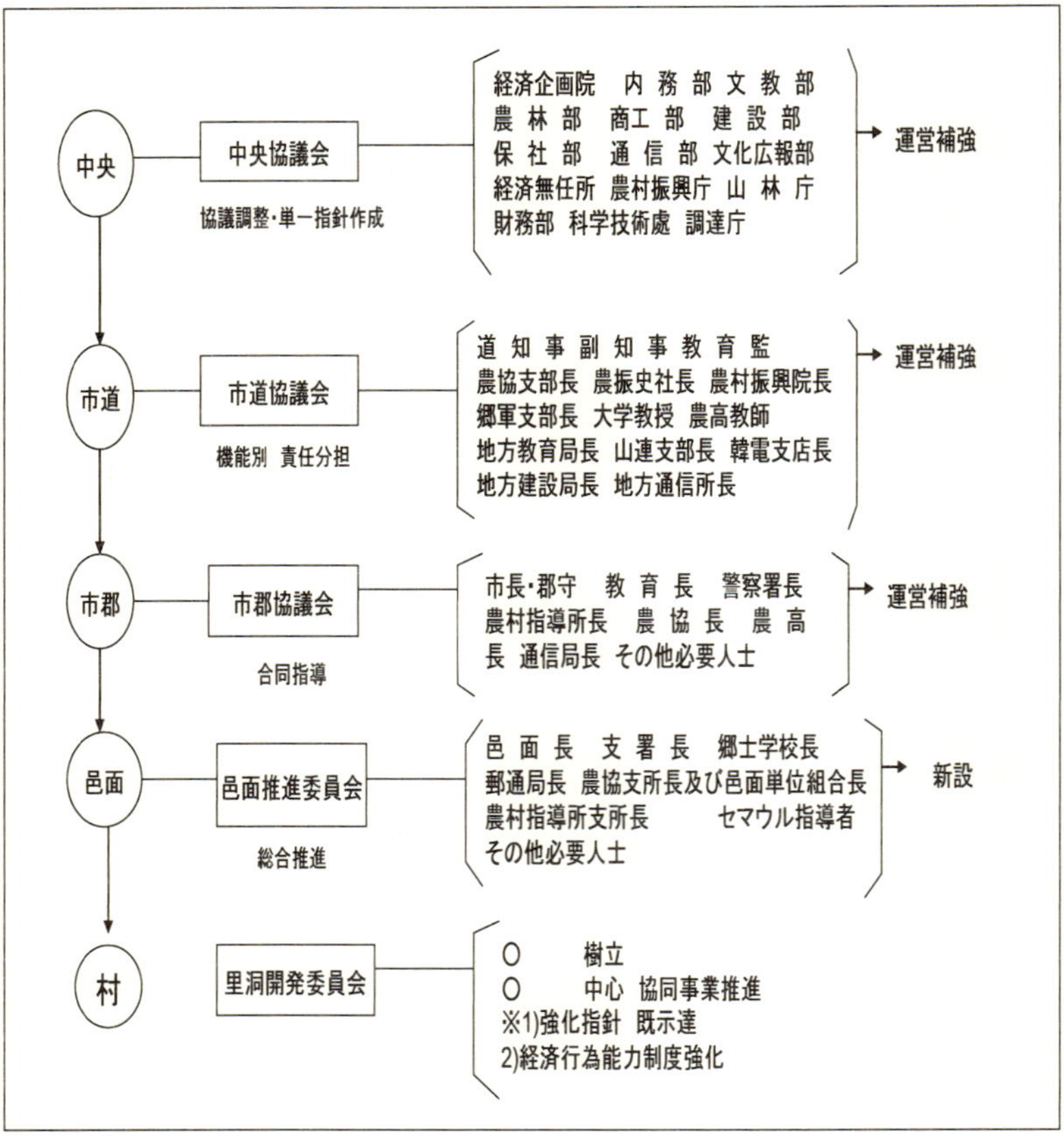

出所：内務部地方農村開発室編『セマウル総覧　総合篇』大韓地方行政協会、1972 年、付録 41 ページ

セマウル教育…指導者教育、セマウル学校運営、セマウル技術教育

韓国農村の道路は狭く曲がりくねっていたことから、自動車の交通が可能となるよう改修された。この結果、七十年代後半からは全国三万五千の村のうち、離島の村を除いて、ほとんどの村に自動車がはいれるようになり高速道路との連結がなされた。これにより流通の促進へとつながった。また、副業は養豚、養鶏、叺生産、うちわの製造、養蠶など幅広く実施され、所得の向上が図られた。

セマウル指導者教育に際し重要視されたのが能力、意欲、信望を有する指導者にすることだった。選抜方針は（一）高所得営農およびセマウル建設に意欲と能力がある者（二）部落民からの信任を受け、指導力が豊富な者（三）中学校卒業者又は同等以上の資格がある者で三十～四十歳までの青少年とされた。そして指導・育成を受けて農村指導者となった青年たちに期待された役割としては、（一）営農所得の増大（二）農林環境の改善（三）農民の精神姿勢の改造（四）伝達教育であった。

セマウル運動は図５－３のように段階的な発展を基盤とし、国家再建に必要な地盤造りである環境構造の改善から、最終的に所得増大に繋げ自立段階への発展が目指された。

朴正熙自身出張や空き時間を作っては自ら農村を巡視し、点検して歩いていた。現地視察を行う中で朴正熙は、「セマウルの歌」を作詞作曲した。歌の歌詞は次のとおりである。

図 5-3　セマウル運動の発展

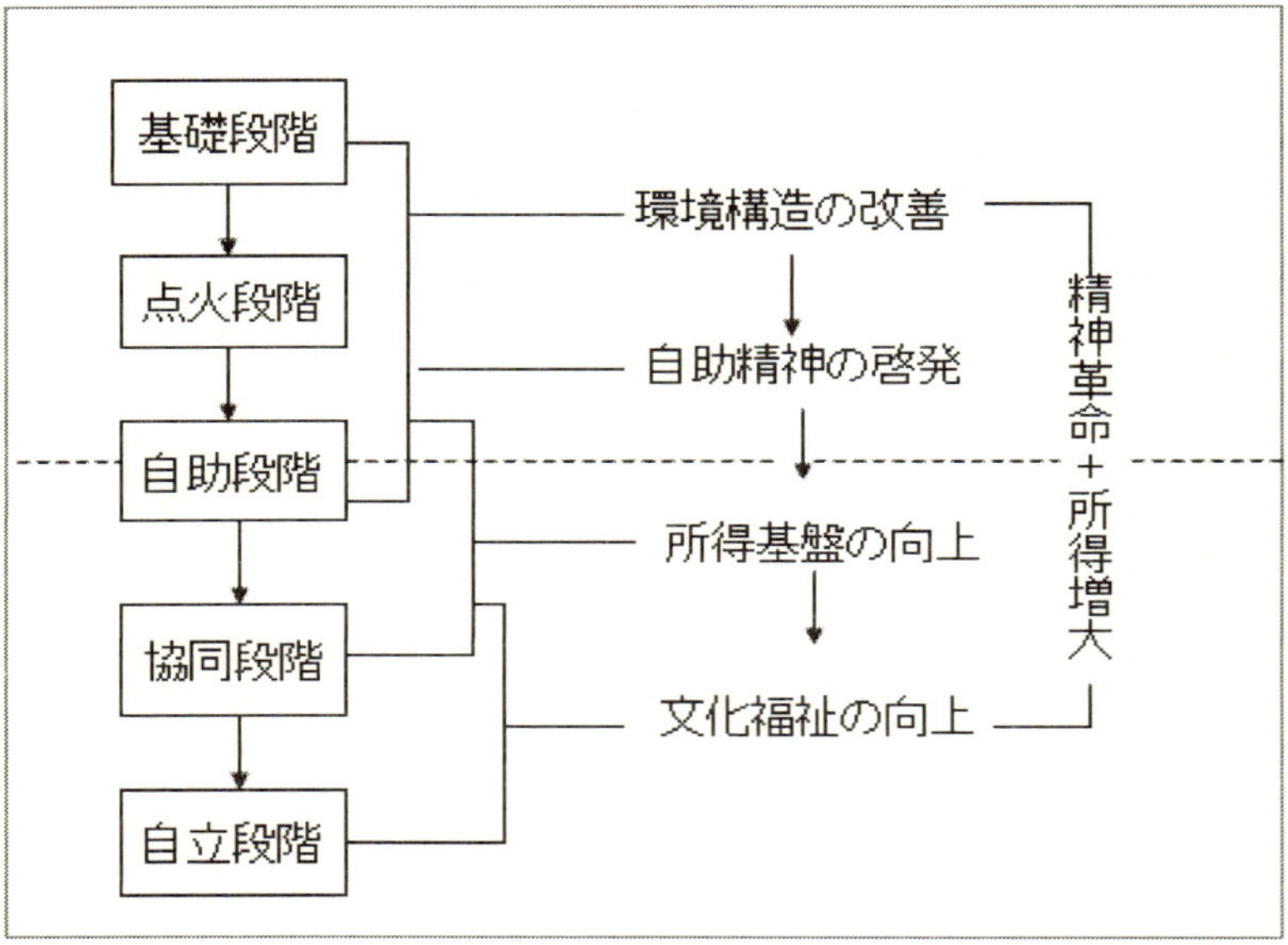

出所：内務部地方農村開発室編『セマウル総覧　総合篇』大韓地方行政協会、1972 年、付録 30 ページ

1. 暁の鐘が鳴る　新しい朝が来る
みんな起きて　セマウルつくろう
住みよい我が村　私たちでつくろう
2. 藁の家をなくし　村の道を広くする
緑の山をつくり　上手に切り盛りしよう
住みよい我が村　私たちでつくろう
3. 互いに助け　汗を流し働き
所得増大に力を使い　裕福な村をつくろう
住みよい我が村　私たちでつくろう

この歌は毎朝決まった時間に流されたため、運動を経験している者は現在でも歌詞を覚えており歌うことができる。慶尚北道清道にあるセマウル運動発祥地記念館の案内係を含め、四十歳後半以上の人は歌うことができた。このほか、セマウル広報として新聞、放送、映画、書籍などを通じて啓発を促した。

こうしてこのセマウル運動により、一九八一年には全国三万五千の村の九十八％が自立村となったのである。

この成果から、朴正熙の行ったセマウル運動は、飴と鞭を巧みに使い農村を自立村へと発展させることに成功したといえる。

図 5-4　村水準の発展

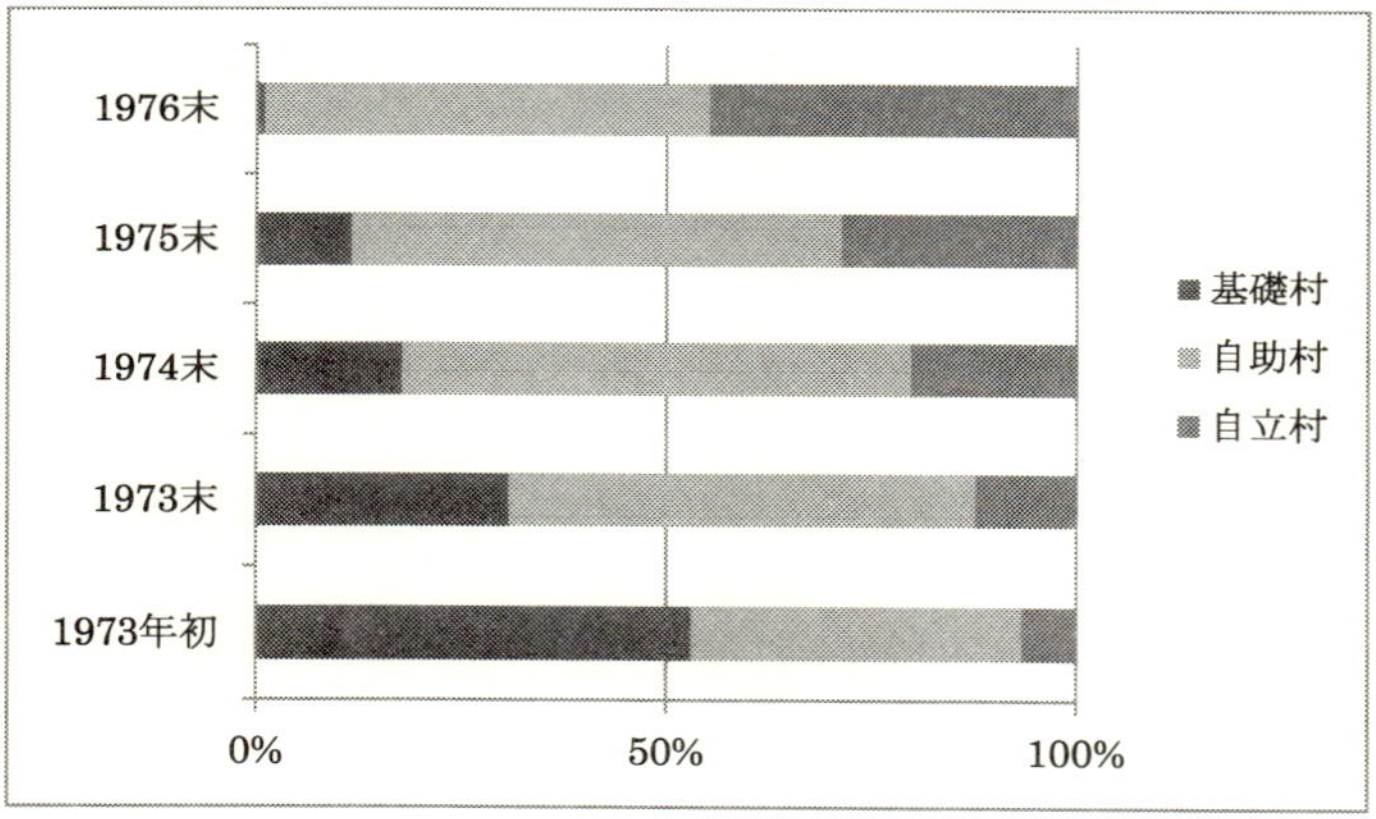

出所：セマウル運動中央協議会『'77 セマウル運動総合指針』
セマウル運動中央協議会、1978 年、391 ページ

おわりに

本書では日本が朝鮮半島を保護国とする以前から、朴正熙が推進したセマウル運動までの長い時間軸で考察した。

本書を読んでご理解いただいた通り、また、宮田節子、梶村秀樹らの見解では、金融組合が半官半民という立場で農村に入り、朝鮮に存在していた「契」を利用し、「内鮮一体」を進めたと解釈している。しかし、今までの研究書に関しては、私の考えとは異なり、「搾取のための機関」という位置づけがされている。そしてこの定義は韓国のみでなく、日本側で出版された資料の多くにも見受けられるのである。朝鮮金融組合について見ると、波形昭一[208]、秋定嘉和[209]、浜口裕子が、また、韓国側で書かれた資料としては、崔チェソン『植民地朝鮮の社会経済と金融組合』(景仁文化社、二〇〇六年)、李ギョンラン『日帝下金融組合研究』(ヘアン、二〇〇二年)、姜鋌澤『植民地朝鮮の農村社会と農業経済』(YBM Si-sa 二〇〇八)などがその研究書として書かれているが、一様に「搾取のための機関」として位置づけられているのである。朝鮮金融組合は一九〇七年に地方金融組合として設立されるが、既存の研究では地方金融組合の活動についてあまり触れられてこなかった。そのため従来の金融組合の目的よりも金融業中心の研究が目立っている。そして、日韓両国共、統治以前との比較ではなく朝鮮金融組合の政策のみに焦点をあてて研究しており、金融組合の政策に対し「収奪・搾取」といった認識がある。韓国側にいたっては収奪機関であったという定義に結びつける傾向が強い。秋定は『朝鮮金融組合の機能と構造―一九三〇～一九四〇年代にかけて―』の中で「上昇する生産力に対応する地主の小作料引上げ、あるいは、金融組合の利益増大という形での農民余剰に対応する新たな搾取の展開に対して、総督府は、それを根本的に変えようとする理論を最後まで構想し実行することはできない」210）とし、朝鮮金融組合が搾取機関であったかのように記載している。

この二つの立場において、本書をお読みの方はすでにお分かりと思うが、なぜ、「搾取のための機関」が戦後も継承されたのであろうか。それは、農業金融組合が「搾取のための機関」ではなかったからではないだろうか。一九四五年八月十五日、日本の大東亜戦争敗戦により、総督府の朝鮮統治は終焉を迎えた。総督府撤退後の朝鮮半島は、三十八度線を境に北と南でソ連とアメリカに分割統治され、一九四八年に南側は大韓民国として独立したにもかかわらず、農業金融組合は、朴正熙大統領の時代に残っていたのである。この間、日本、アメリカ、韓国、占領時には北朝鮮、そこに中国やソ連が入り込みまた韓国に戻り、その韓国も戒厳令下という環境の中で、戦前に作られた金融組合が残っていたのだ。それは、その制度が韓国の農民にとって必要だったからであり、「単なる搾取のための機関」であれば、ずっと昔に廃止されているのではないか。

そして、その制度が国民運動ともいえる「セマウル運動」の基盤となったことに関して、まさに搾取ではなく、農民の間に根付いた制度であったことがわかるのである。セマウル運動は、本書にもある通りに、住みよく豊かな村を自分たちでつくろうという、その名のとおり、新しい村運動である。貧困を打開するための村における共同体再構築運動で、朴正熙の言葉を借りると「民族の一大躍進運動」ある。この「セマウル運動」において、朴正熙は「自分の村は自らの手で住みよい村につくりかえるという自助の精神をよびおこし、汗を流してはたらけば、すべての村がまもなく豊かな村にかわることを確信します」と強い意欲を見せた。また「意欲のない人を支援するのは、お金の浪費です。なまける人は国も助けてやれません」と厳しい言葉も述べている。このような「国民の意識の高揚」を起こさせる政策に対して、「単なる搾取のための機関」が機能するはずがない。まさに農業金融組合は「自助の精神の象徴」ではなかったのか。

このように考えると、本来、日本と韓国の関係はシコリが残るような関係ではなかったのではないか。このように、韓国の人々が慣れ親しんだ制度の中に、日本人が作った制度があり、その制度が韓国人の自助の精神を呼び起こし、そして、その力が朴正熙の「漢江の奇跡」を成功させた一因となったのではないかと考えられるのである。

本来、歴史などという難しいことではなく、このような身近な制度を研究することによって、歴史の真実が見えてくるはずである。そして、その真実が見えてくれれば、同じ日本の統治にあったにもかかわらず、シコリがあまり残っていない台湾との比較などで、より深く、歴史の真実を知ることができるのではないか。今後は、台湾の農業制度やその制度における日本の統治政策などを研究し、また、韓国との比較を行うことによって、何が日韓関係のシコリになっているのかを分析できるのではないかと考えているのである。

日本と韓国は「近くて遠い国」と言われているが、日韓国交正常化五十年の節目を迎えた今だからこそ、今一度なぜ日本が朝鮮半島を統治することになったのか、さらに統治政策の功罪論だけでなく実態を客観的に紐解いていく必要がある。そしてお互いに歴史をきちんと残し伝えていかなくてはいけない時期にきているのではないだろうか。

《参考文献》

【論文】

・秋定嘉和「朝鮮金融組合の機能と構造―1930年～1940年代にかけて―」朝鮮史研究会論文集第五号、一九六八年十一月号
・中村彦「韓国に於ける農事経営」『日本経済新誌　第1巻　第9号』一九〇七年
・波形昭一『朝鮮における金融組合』国連大学、一九八一年
・福田徳三「経濟單位發展史上韓國ノ地位」『内外論叢』
・宮田節子「一九三〇年代日帝下朝鮮における「農村振興運動」の展開」歴史学研究、歴史学研究会、一九六五年

【単行本】

［日本語文献］

・秋田豊『朝鮮金融組合史』朝鮮金融組合連合会、一九二九年
・アーソン・グレブスト著　河在龍　高演義訳『悲劇の朝鮮』、白帝社、一九八九年
・アレン・アイルランド『THE NEW KOREA　朝鮮が劇的に豊かになった時代』桜の花出版編集部、二〇一三年

・池田利一郎『実践金融組合事務解説』朝鮮金融組合協会、一九三一年
・石塚峻『朝鮮米と日本の食糧事情』友邦協会、昭和四十一年
・イザベラ・バード　時岡敬子訳『朝鮮紀行　英国夫人の見た李朝末期』講談社学術文庫、一九九八年
・井上角五郎編『二宮尊徳の人格と思想』国民工業学院、昭和十年
・印貞植『朝鮮農村襍記』東都書籍刊、昭和十八年
・宇垣一成『農山漁村の振興に就て＝郡守・島司講習会に於ける口演の要旨＝』朝鮮、昭和七年
・宇垣一成『身邊雑話』今日の問題社、昭和十三年
・宇垣一成『伸び行く朝鮮：宇垣総督講演集』一九三五年
・宇垣一成『宇垣一成日記Ⅰ』みすず書房、昭和四十六年
・宇垣一成『宇垣一成日記Ⅱ』みすず書房、一九七〇年
・宇垣一成述・鎌田澤一郎著『松籟清談』文藝春秋新社、昭和二十六年
・海外広報館『セマウル運動』一九七三年六月
・鹿島研究所出版会『朴正熙選集③主要演説集』昭和四十五年
・鎌田澤一郎『宇垣一成』中央公論社、一九三七年
・河合和男・尹明憲『植民地期の朝鮮工業』一九九一年十一月
・河田宏『朝鮮全土を歩いた日本人　農学者・高橋昇の生涯』日本評論社、二〇〇七年
・韓国学文献研究所『旧韓国末日帝侵略資料叢　政治篇』ソウル亜細亜文化社、一九八四年

・金璡著・梁泰昊訳『ドキュメント朴正熙時代―原題　青瓦臺 비서실』亜紀書房、一九九三年
・金鐘信著・趙南富訳『朴正熙大統領―その生いたち・その素顔・その政治』サンケイ新聞社出版局、一九七五年
・金正濂『韓国経済の発展「漢江の奇跡」と大統領』サイマル出版、一九九一年
・韓国学文献研究所『旧韓国末日帝侵略資料叢書　政治篇』ソウル亜細亜文化社、一九八四年
・車田篤『朝鮮金融組合論』朝鮮金融組合協会、一九三二年
・京城日報・毎日申報編纂『昭和13年版　朝鮮年鑑』一九三三年
・ゲ・デ・チャガイ編　井上紘一訳『朝鮮旅行記』平凡社、二〇〇六年
・權炳鎬・古谷昇『契と金融組合の歴史』拓殖大学、二〇〇一年
・幸田露伴『二宮尊徳翁』博文館、一九〇三年
・黄ゲン・朴尚得訳『黄ゲン・梅泉野録』国書刊行会、一九九〇年
・国史編纂委員会『統監府文書1』国史編纂委員会、一九九八年
・小島喜作『韓國之農業』金港堂書籍株式会社、明治三十八年
・小松運『朝鮮八道誌』東山堂、明治二十年
・故目賀田男爵伝記編纂会『男爵目賀田種太郎』昭和十三年
・斉藤清治『金融組合令要義』朝鮮経済協会、一九二六年
・重松髜修『金融組合の副業養鶏』朝鮮金融組合協会、一九三二年

・司法協会『朝鮮農地令　朝鮮小作調停令　解説』司法協会、昭和十二年
・鈴木武雄『朝鮮金融論十講』帝国地方行政学会朝鮮本部発行、一九四〇年
・鈴木正文『朝鮮経済の現段階』帝国地方行政学会朝鮮本部、一九三八年
・全国経済調査機関聯合会朝鮮支部編『朝鮮経済年報』一九四〇年版
・拓殖大学百年史編纂専門委員会『拓殖大学百年史　明治編』拓殖大学百年史編纂委員会、平成二十二年
・拓殖大学百年史編纂専門委員会『拓殖大学百年史　大正編』拓殖大学百年史編纂委員会、平成二十二年
・大韓民国大統領秘書室『平和統一への大道（朴正熙大統領演説文選集）』、一九七六年
・高橋亀吉『現代朝鮮経済論』千倉書房、昭和十年
・高松宮家　編『有栖川宮記念厚生資金選奨録、第2輯、』高松宮、昭和八年
・ダレ著　金容権訳『朝鮮事情』東洋文庫、一九七九年
・中央朝鮮協会『最近の半島＝山崎延吉氏講演速記＝』中央朝鮮協会、昭和十八年
・朝鮮銀行調査部『朝鮮農業統計図表』昭和十九年
・朝鮮金融組合協会『朝鮮金融組合史』朝鮮金融組合協会、一九二九年
・朝鮮金融組合協会『農村振興と金融組合』朝鮮金融組合協会、一九三二年
・朝鮮金融組合連合会『金融組合と高利救済整理資金の貸出』朝鮮金融組合連合会、一九三三年
・朝鮮金融組合連合会『朝鮮金融組合の現勢　金融組合三十周年記念版』朝鮮金融組合連合会、一九三七年
・朝鮮金融組合連合会『朝鮮金融組合統計年報』朝鮮金融組合連合会、一九四四年

・朝鮮農会『朝鮮の小作慣行（時代と慣行）』朝鮮農会、一九三〇年
・東邦協会『朝鮮彙報』東邦協会、明治二十六年
・東邦協会『朝鮮小鑑・第1輯』東邦協会、明治三十三年
・波形昭一『朝鮮における金融組合』国連大学、一九八一年
・バード・ビショップ女史著　工藤重雄抄譯『三十年前の朝鮮』東亜経済時報社、大正十四年
・平田東助『淬励録』実業之日本社、大正二年
・牟田口利彦『朝鮮金融組合史』朝鮮金融組合協会、一九二九年
・牟田口利彦『金融組合讀本』朝鮮金融組合協会、一九三二年
・山口盛『宇垣総督の農村振興運動』友邦協会、昭和四十一年
・山崎延吉『我農生回顧録』山崎延吉全集刊行会、昭和十年
・山崎延吉『山崎延吉全集（六）農村講演篇』山崎延吉全集刊行会、昭和十年
・山崎延吉『最近の半島＝山崎延吉氏講演速記』中央朝鮮協会、昭和十八年
・山根譓『金融組合概論』朝鮮金融組合協会、一九三二年
・友邦協会『朝鮮金融組合回顧録－朝鮮金融組合と農村との関係－』友邦協会、一九八四年
・友邦協会『朝鮮金融組合回顧録－遥かなる思い出－』友邦協会、一九八六年
・四方博『李朝時代郷約の歴史と性格』農政調査会、一九三七年
・李勛相・宮島博史訳『朝鮮後期の郷吏』法政大学出版局、二〇〇七年

・李清源『朝鮮讀本—朝鮮の社会とその政治・経済生活—』学芸社、一九三六年
・李清源『朝鮮社会史讀本』白揚社、一九三六年
・渡邊茂雄『宇垣一成の歩んだ道』新太陽社、昭和二十三年

［韓国語文献］

【論文・研究報告書】
・朱泰圭『日帝下　農村振興運動に関する研究』「経済論集18巻4号」ソウル大学経済研究所、一九七九年
・崔相浩「セマウル運動と農業の役割」『研究報告書』第六十二号、一九八六年、十二月
・田剛秀『日帝下　植民地農業政策と農村社会』「曉星女子大学校産業経営研究所第6集」曉星女子大学校産業経営研究所、一九八九年
・金容徹『宇垣一成の朝鮮統治観と，農村振興運動，』「伝統文化研究第6集」朝鮮大学校、一九九九年

【書籍】
・京城日報社『朝鮮年鑑』京城日報社、一九四一年
・朝鮮銀行調査部『朝鮮経済年報』朝鮮銀行調査部、一九四八年
・韓国銀行調査部『韓国銀行調査月報』韓国銀行調査部、一九五二年一月号

・韓国銀行調査部『韓国銀行調査月報』韓国銀行調査部、一九五二年四月号
・韓国銀行調査部『韓国銀行調査月報』韓国銀行調査部、一九五二年六月号
・韓国銀行調査部『韓国銀行調査月報』韓国銀行調査部、一九五六年十月
・農業協同組合中央会『韓国農業金融史』農業中央会、一九六三年
・朱奉圭『韓国農業史』富民文化社、一九六三年
・農業協同組合会『韓国農政二十年史』農業協同組合会、一九六五年
・経済企画院『韓国統計年鑑』経済企画院、一九七〇年
・セマウル運動中央協議会『'77セマウル運動総合指針』セマウル運動中央協議会、一九七八年
・ソウル新聞社『駐韓美軍30年』杏林出版社、一九七九年
・黄仁政『韓国の総合農村開発―セマウル運動の評価と展望』韓国農村経済研究院、一九八〇年
・姜東鎮『韓国農業の歴史』ハンギル社、一九八二年
・高麗書林『朝鮮年鑑』高麗書林、一九八六年
・全国新しい農民像受賞者『農協四半世紀　回顧と展望』新しい農民会、一九八六年
・全国新しい農民会受賞者『新しい農民運動二十年史』新しい農民会、一九八六年
・李ギルサン『美軍政庁官報』原主文化社、一九九一年
・李ギョンラン『日帝下金融組合研究』ヘアン、二〇〇六年
・李松順『日帝下　農業政策と農村経済』ソンイン、二〇〇八年

・金英喜『日帝時代農村統制政策研究』景仁社、二〇〇三年
・金ヨンモ『セマウル運動研究』コホン出版部、二〇〇三年
・シャルルバラ／シャイエロン著　ソンキス訳『朝鮮紀行』ヌンピ、二〇〇六年
・朴ギョンジャ『高麗時代　郷吏研究』国学資料院、二〇〇一年
・朴ジンチョル『朝鮮時代　郷吏層の持続性と変化―羅州事例―』韓国学術チョンボ、二〇〇七年

【英語文献】
・在朝鮮美国陸軍司令部軍政庁『美軍政廳官報』原主文化社、一九九一年

【雑誌】
・宇垣一成「農山漁村の振興に就て＝郡守・島司講習会に於ける口演の要旨＝」『朝鮮』第二百十号、昭和七年十一月号
・拓殖大学創立百年史編纂室『朝鮮金融組合の往時を語る―朝鮮金融組合元理事対談―』拓殖大学創立百年史編纂室、一九九八年
・朝鮮金融組合『金融組合』朝鮮金融組合、一九三三年一月号
・朝鮮金融組合『金融組合』朝鮮金融組合、一九三六年十月号
・朝鮮金融組合『金融組合』朝鮮金融組合、一九三六年十一月号

・朝鮮金融組合協会『金融組合論策集』朝鮮金融組合協会、一九三〇年
・朝鮮金融組合連合会『伸びゆく村』朝鮮金融組合連合会、一九三五年
・朝鮮金融組合連合会『明るい村』朝鮮金融組合連合会、一九三六年
・朝鮮金融組合連合会『家庭之友 第2号』朝鮮金融組合連合会、一九三六年
・「海外経済時事」日本経済新誌 第一巻 第十号、一九〇七年

【政府刊行物】

【日本語文献】

・善生永助『朝鮮の契』朝鮮総督府、一九二六年
・度支部大臣官房統計課『度支部統計年報、第1回(隆熙元年度)』度支部大臣官房統計課、一九〇八年
・度支部大臣官房統計課『度支部統計年報、第2回(隆熙二年度)』度支部大臣官房統計課、一九〇八年
・朝鮮総督府度支部『韓国財務経過報告、第5回』明治四十二 - 四十四年
・朝鮮総督府『統監府統計年報・4(明治42)』明治四十四年
・朝鮮総督府『併合の由来と朝鮮の現状』大正十二年
・朝鮮総督府臨時土地調査局『朝鮮土地調査事業報告書』朝鮮総督府臨時土地調査局、一九一八年
・朝鮮総督府臨時土地調査局『朝鮮土地調査事業報告書追記録』朝鮮総督府臨時土地調査局、一九一九年
・朝鮮総督府編『産業調査委員会議事速記録』一九二一年九月

・朝鮮総督府編『産業調査委員会議事速記録』一九二一年九月　付録
・朝鮮総督府『朝鮮部落調査予察報告・第1冊』朝鮮総督府、大正十二年
・朝鮮総督府『朝鮮の群衆』朝鮮総督府、一九二五年
・朝鮮総督府『朝鮮総督府官報　第１３５６号』昭和六年
・朝鮮総督府『朝鮮総督府官報　第１３７８号』昭和六年
・朝鮮総督府『朝鮮ノ小作慣行（上巻）』昭和七年
・朝鮮総督府『農家更生計画樹立ニ関スル具体的方策』朝鮮総督府、昭和八年
・朝鮮総督府『朝鮮の契』朝鮮総督府、一九二六年
・朝鮮総督府『朝鮮の人口現象』朝鮮総督府、一九二七年
・朝鮮総督府『朝鮮の小作慣習』朝鮮総督府、一九二九年
・朝鮮総督府『朝鮮総督府官報　第２７１３号附録』昭和九年
・朝鮮総督府『農業統計表』朝鮮総督府、一九三四年
・朝鮮総督府編『農村更生の指針』帝国地方行政学会朝鮮本部、一九三四年
・朝鮮総督府『生活状態調査「朝鮮の聚落」朝鮮総督府調査資料38』朝鮮総督府、一九三五年
・朝鮮総督府『朝鮮に於ける農村振興運動の実施概況と其の実績』昭和十五年
・朝鮮総督府『施政三十年史』昭和十五年
・朝鮮総督府『朝鮮総督府施政年報』朝鮮総督府、一九四二年

・統監府『韓国併合顛末書』統監府、一九一〇年
・統監府総務部『韓国施政改善一斑』民友社、明治四十年
・統監府『韓国施政年報　明治39、40年』明治四十一 - 四十四年
・李覚鐘『朝鮮民政資料　契に関する調査』朝鮮総督府、一九二三年

【韓国語文献】

・大韓民国公報所統計局『大韓民国統計年鑑』大韓民国公報所統計局、一九五二年
・大韓民国農林部『農林統計年報』大韓民国農林部、一九五三年
・内務部統計局『大韓民国統計年鑑』内務部統計局、一九五三年
・大韓民国農林部『農林統計年報』大韓民国農林部、一九五四年
・大韓民国農林部『農林統計年報』大韓民国農林部、一九五五年
・内務部統計局『大韓民国統計年鑑』内務部統計局、一九五八年
・大韓民国政府『行政白書』大韓民国、一九六六年
・農林部『農業経済年報』農林部、一九六六年
・農林部『農業経済年報』農林部、一九六七年
・文化広報部『自助・自立・協同の「セマウル運動」―五千年の眠りから覚め躍進する農村として―』文化広報部、一九七二年

・内務部地方局農村開発官室編『セマウル総覧　総合篇』大韓地方行政協会、一九七二年
・大統領秘書室『朴正煕大統領演説文集　第8集　1971年1月～1972年12月』大統領秘書室、一九七一年
・内務部『セマウル運動ーはじめから今日まで』内務部、一九七五年
・内務部『セマウル運動』内務部、一九八七年

【新聞・報道】

・『京城日報』昭和六年七月十四日夕刊
・『京城日報』昭和九年十月六日
・『東亜日報』

1)福田徳三編『経済学全集・第4集　経済学研究』同文館、一九二七－一九二八年、一一九頁
2)稲葉君山『朝鮮文化史研究』雄山閣、大正十四年、八〇頁
3)大田才次郎『新撰朝鮮地理誌』博文館、明治二十七年、一二頁
4)東邦協会『朝鮮彙報』東邦協会、明治二十六年、九八頁
5)ダレ著　金容権訳『朝鮮事情』東洋文庫、一九七九年、三一五頁
6)秋山四郎『外国地誌』共益商社、明治二十八年、二三頁
7)シャルル・バラ、シャイエロン著　ソンキス訳『朝鮮紀行』ヌンピ、二〇〇六年、六一頁
8)アーソン・グレブスト著　高演義　河在龍訳『悲劇の朝鮮』白帝社、一九八九年、五六頁
9)荒川五郎『最近朝鮮事情』清水書店、明治三十九年、一五八頁
10)バード・ビショップ女史著　工藤重雄抄譯『三十年前の朝鮮』東亜経済時報社、大正十四年、二三頁
11)矢津昌永『朝鮮西伯利紀行』丸善、明治二十七年、四五頁
12)荒川五郎『最近朝鮮事情』清水書店、明治三十九年、二〇四頁
13)東邦協会『朝鮮彙報』東邦協会、明治二十六年、一九六頁
14)東邦協会『東邦小鑑・第1輯』東邦協会、明治三十三年、三九九頁
15)バード・ビショップ女史　工藤重雄抄譯『三十年前の朝鮮』東亜経済時報社、一頁
16)イザベラ・バード著　時岡敬子訳『朝鮮紀行』講談社学術文庫、一九九八年、一〇八頁
17)参謀本部ウェリー中佐『１８８９年夏の朝鮮旅行』ゲ・デ・チャガイ編『朝鮮旅行記』平凡社、一九

九二年、一四〇頁
18) 井上紘一訳『朝鮮旅行記―ゲ・デ・チャガイ編』東洋文庫、一九九二年、七八頁
19) 東邦協会『朝鮮彙報』東邦協会、明治二十六年、一一八頁
20) 「2．雑報／13朝鮮総督府月報第三巻第十一号1」JACAR（アジア歴史資料センター）Ref. B03041515900、統監府政況報告並雑報（外務省外交史料館）、（画像十五‐十六）
21) 朝鮮金融組合協会『朝鮮金融組合史』朝鮮金融組合協会、昭和四年、四九頁
22) 朝鮮総督府『朝鮮ノ小作慣行（上巻）』昭和七年、六三三頁
23) 黄ゲン著　朴尚得訳『黄・ゲン　梅泉野録』国書刊行会、一九九〇年、一三一頁
24) 朝鮮総督府『朝鮮ノ小作慣行（上巻）』昭和七年、六一三頁
25) 印貞植『朝鮮農村襍記』東都書籍刊、昭和十八年、一七七頁
26) 福田徳三『経済学全集．第4集　経済学研究』同文館、一九二七‐一九二八年編、一三三頁
27) 善生永助『朝鮮の契』朝鮮総督府、大正十五年、一頁
28) 朝鮮金融組合協会『朝鮮金融組合史』朝鮮金融組合協会、一九二九年、六〇頁
29) 朝鮮金融組合連合会『伸びゆく村』朝鮮金融組合連合会、昭和十年、一四頁
30) 印貞植『朝鮮農村襍記』東都書籍刊、昭和十八年、二頁
31) 「弁理公使花房義質ニ訓条ヲ付与シ復朝鮮国ニ赴カシム」JACAR（アジア歴史資料センター）Ref. A03023634800、公文別録・朝鮮事変始末・明治十五年・第一巻・明治十五年（国立公文書館）

32）大山梓編『山縣有朋意見書』原書房、昭和四十一年、一八〇頁
33）「朝鮮国慶尚道咸安ニ於ケル暴動ノ件」JACAR（アジア歴史資料センター）Ref. B08090164300、韓国各地暴動雑件（外務省外交資料館）
34）「朝鮮国金海府乱蜂起の件」JACAR（アジア歴史資料センター）、Ref. B08090164400、韓国各地暴動雑件（外務省外交資料館）
35）「朝鮮国王及諸大臣ニ内政改革ヲ勧告ノ件／13第拾号［東学党討伐ニ付総理外務度支三大臣トノ対談］」JACAR（アジア歴史資料センター）Ref. B03050310400、韓国内政改革ニ関スル交渉雑件　第二巻（外務省外交資料館）（第一画像）
36）鹿島守之助『日本外交史　第４巻　日清戦争と三国干渉』鹿島平和研究所、昭和四十五年、九頁
37）「東学党余聞」JACAR（アジア歴史資料センター）Ref. C06060138000、従明治二十七年六月至明治二十七年十月「秘密　日清朝事件　諸情報綴１」（防衛省防衛研究所）
38）「第十九章　露独仏三国ノ干渉（上）」JACAR（アジア歴史資料センター）Ref. B03030024700、蹇蹇録（外務省外交資料館）
39）鹿島守之助『日本外交史　第４巻　日清戦争と三国干渉』鹿島平和研究所、昭和四十五年、二七二頁
40）「朝鮮問題ニ関スル日露議定書」JACAR（アジア歴史資料センター）Ref. B06150005700 参考国際協約雑纂（極秘）（２．１．１）（外務省外交史料館）
41）鹿島守之助『日本外交史　第５巻　支那における列強の角逐』鹿島平和研究所、昭和四十五年、二六

頁

42) 国史編纂委員会『統監府文書』国史編纂委員会、一九九八年、五頁

43) 大山梓編『山縣有朋意見書』原書房、昭和四十一年、二五四 - 二五五頁

44) 鹿島守之助『日本外交史　第5巻　支那における列強の角逐』鹿島平和研究所、昭和四十五年、三〇八頁

45) 市川正明『日韓外交史料（9）韓国王露館播遷／韓国永世中立化運動他』原書房、一九八一年、三〇六頁

46) 鹿島守之助『日本外交史　第6巻　第一回日英同盟とその前後』鹿島平和研究所、昭和四十五年、一八三頁

47) 徳富猪一郎編『公爵山県有朋伝・下巻』山県有朋公記念事業会、昭和八年、四七九頁

48) 「85・満韓ニ於ケル日露交渉ニ関スル帝国ノ最終提案決定ノ件（明治三十七年一月閣議決定）」JACAR（アジア歴史資料センター）Ref. B04120016300、閣議決定書輯録　第三巻（外務省外交資料館）

49) 「日本韓国間秘密協約議定書」JACAR（アジア歴史資料センター）Ref. B13091012600、日本韓国間秘密協約議定書（外務省外交資料館）

50) 統監府総務部編『韓国事情要覧・1冊』京城日報社、明治三十九、四十年、二頁

51) 「財政顧問傭聘契約附、日韓協約」JACAR（アジア歴史資料センター）Ref. A09050063500、目賀田家文書第十号（国立公文書館）

52）故目賀田男爵伝記編纂会編『男爵目賀田種太郎』故目賀田男爵伝記編纂会、昭和十三年、三四五頁
53）統監府総務部編『韓国事情要覧．２冊』京城日報社、明治三十九、四十年、三頁
54）「御署名原本・明治三十八年・勅令第二百四十号・韓国ニ統監府及理事庁を置クノ件」JACAR（アジア歴史資料センター）Ref.A03020645800、御署名原本・明治三十八年・勅令第二百四十号・韓国ニ統監府及理事庁ヲ置クノ件（国立公文書館）
55）「資料三号／二　日韓保護条約及韓国併合条約締結ト第三国ニ対スル通告及宣言」JACAR（アジア歴史資料センター）Ref.B02130055500、一九一九年英波協約ニ依リ英国カ波斯ニ於テ獲得シタル地位（外務省外交史料館）
56）統監府『韓国施政年報．明治39、40年』統監府、明治四十一‐四十四年、四頁
57）統監府『韓国施政年報．明治39、40年』統監府、明治四十一‐四十四年、八‐九頁
58）伊藤博文『秘書類纂．雑纂　其４』秘書類纂刊行会、昭和十一年、一四九頁
59）韓国度支部『韓国財政施設綱要』韓国度支部、明治四十三年、一頁
60）伊藤博文編『秘書類纂．朝鮮交渉資料　中巻』秘書類纂刊行会、昭和十一年、二六七頁
61）「日本政府の韓国政府に対する貸付金の件」JACAR（アジア歴史資料センター）Ref.A09050059600、目賀田家文書第十号（国立公文書館）
62）国史編纂委員会『統監府文書１』国史編纂委員会、一九九八年、一四三頁
63）統監府総務部『韓国施政改善一斑』民友社、明治四十年、一頁

64) 統監府総務部『韓国施政改善一斑』民友社、明治四十年、一－二頁
65) 国史編纂委員会『統監府文書1』国史編纂委員会、一九九八年、一五一頁
66) 統監府『韓国施政年報・明治39、40年』統監府、明治四十一－四十四、三二頁
67) 故目賀田男爵伝記編纂会編『男爵目賀田種太郎』故目賀田男爵伝記編纂会、昭和十三年、三五〇頁
68) 統監府『韓国施政年報　明治39、40年』統監府、明治四十一－四十四、六三頁
69) 故目賀田男爵伝記編纂会編　前掲書、三五三頁
70) 故目賀田男爵伝記編纂会編　同上書、三六四頁
71) 統監府『韓国施政年報・明治39、40年』統監府、明治四十一－四十四年、六六頁
72) 梶村秀樹『朝鮮史』岩波全書、一九七〇年、一九七頁
73) 朝鮮金融組合協会『朝鮮金融組合史』朝鮮金融組合協会、一九二九年、二五八頁
74) イザベラ・バード著　時岡敬子訳『朝鮮紀行』講談社学術文庫、一九九八年、三二頁
75) ダレ著　金容権訳『朝鮮事情』東洋文庫、一九七九年、三一三頁
76) 故目賀田男爵伝記編纂会『男爵目賀田種太郎』故目賀田男爵伝記編纂会、昭和一年、三七六頁
77) 朝鮮金融組合協会『朝鮮金融組合史』朝鮮金融組合協会、昭和四年、二二頁
78) 韓国度支部『韓国財政概況』韓国度支部、明治四十二年、三一頁
79) 信太一郎『朝鮮の歴史と日本』明石書店、一九八九年、一三八頁
80) 和田一郎『朝鮮ノ土地制度及地税制度調査報告書』朝鮮総督府臨時土地調査局、一九二〇年

81）李清源『朝鮮社会史讀本』白揚社、昭和十一年、九一頁
82）小早川九郎『朝鮮農業発達史（朝鮮農業三十年史）政策篇』友邦協会、一九五〇年、九頁
83）福田徳三編『経済学全集第４集　経済学研究』同文館、一九二七‐一九二八年、一四四頁
84）朝鮮総督府度支部『韓国財務経過報告、第５回』朝鮮総督府度支部、明治四十二‐四十四年、六五七頁
85）故目賀田男爵伝記編纂会『男爵目賀田種太郎』故目賀田男爵伝記編纂会、昭和十三年、四九八‐四九九頁
86）朝鮮総督府臨時土地調査局『朝鮮土地調査事業報告書』朝鮮総督府臨時土地調査局、大正七年、三頁
87）朝鮮総督府臨時土地調査局編『朝鮮土地調査事業報告書追録』朝鮮総督府、一九一九年、一頁
88）河合弘民「朝鮮」『経済大辞書』同文館、大正三年、二五九八頁
89）当時、日本のことを内地と表現したため、日本人のことを内地人と呼称していた。
90）朝鮮金融組合協会『金融組合の沿革と現況』朝鮮金融組合協会、昭和四年、一頁
91）山根譓『金融組合概論』朝鮮金融組合協会、昭和七年、四五頁
92）故目賀田男爵伝記編纂会『男爵目賀田種太郎』故目賀田男爵伝記編纂会、昭和十三年、二四六頁
93）博文館編輯局編『伊藤公演説全集』博文館、明治四十三年、二〇四頁
94）拓殖大学創立百年史編纂室『人材育成の軌跡―拓殖大学先人言行録―第１巻』拓殖大学創立百年史編纂室、平成十一年、五三頁
95）松木孝道『朝鮮金融組合回顧録（続）―遙かなる思い出―』友邦協会、昭和六十一年、四七頁

96) 拓殖大学創立百年史編纂専門委員会『拓殖大学百年史　明治編』拓殖大学、二三五頁
97) 山根譓『金融組合概論』朝鮮金融組合協会、昭和七年、六三‐六四頁
98) 井上角五郎編『二宮尊徳の人格と思想』国民工業学院、昭和十年、一六頁
99) 幸田露伴『二宮尊徳翁』博文館、一九〇三年、五頁
100) 平田東助著『淬励録』実業之日本社、大正二年、六五頁
101) 一九〇四年に設立。一九〇七年には政治運動家の内田良平が顧問となっている。
102) 第二十七代（大韓帝国第二代）皇帝で、高宗と閔妃の間にできた息子。一九〇七年、高宗が譲位して、皇位を授かった。
103) 「韓国併合実行ニ関スル方針」JACAR（アジア歴史資料センター）Ref. A03023680000、公文別録・韓国併合ニ関スル書類・明治四十二～明治四十三年・第一巻・明治四十二年～四十三年、（国立公文書館）
104) 朝鮮総督府『施政三十年史』朝鮮総督府、昭和十五年、一一頁
105) 朝鮮総督府『施政三十年史』朝鮮総督府、昭和十五年、二八頁
106) 朝鮮総督府『施政三十年史』朝鮮総督府、昭和十五年、四二頁
107) 京城日報・毎日申報編纂『昭和13年版　朝鮮年鑑』一九三三年、一六頁
108) 斉藤実伝刊行会編『斉藤実伝』斉藤実伝刊行会、昭和八年、一二九頁
109) 京城日報・毎日申報編纂『昭和13年版　朝鮮年鑑』一九三三年、一八頁
110) 京城日報・毎日申報編纂『昭和13年版　朝鮮年鑑』一九三三年、一九頁

111）朝鮮総督府『施政三十年史』昭和十五年、二五五頁
112）京城日報・毎日申報編纂『昭和13年版　朝鮮年鑑』一九三三年、一九頁
113）バード・ビショップ女史著　工藤重雄抄譯『三十年前の朝鮮』東亜経済時報社、大正十四年、一〇〇頁
114）重松髜修『金融組合の副業養鶏』朝鮮金融組合協会、一九三二年、四頁
115）朝鮮金融組合協会『農村振興と金融組合』朝鮮金融組合協会、昭和七年、一五頁
116）朝鮮金融組合連合会『伸びゆく村』朝鮮金融組合連合会、昭和十年、四頁
117）朝鮮金融組合連合会『明るい村』朝鮮金融組合連合会、昭和十一年、七七頁
118）朝鮮金融組合連合会『明るい村』朝鮮金融組合連合会、昭和十一年、一〇五頁
119）重松髜修『金融組合の副業養鶏』朝鮮金融組合協会、一九三二年、一七－一八頁
120）朝鮮金融組合連合会『伸びゆく村』朝鮮金融組合連合会、昭和十年、一〇〇頁
121）朝鮮金融組合連合会『伸びゆく村』朝鮮金融組合連合会、昭和十年、一二〇頁
122）朝鮮金融組合連合会『伸びゆく村』朝鮮金融組合連合会、昭和十年、三〇頁
123）朝鮮金融組合連合会『伸び行く村』朝鮮金融組合連合会、昭和十年、八六頁
124）宇垣一成述・鎌田澤一郎著『松籟清談』文藝春秋新社、昭和二十六年、一五頁
125）宇垣一成『宇垣一成日記Ⅰ』みすず書房、昭和四十六年、五七四頁
126）朝鮮総督府『朝鮮総督府官報　第１３５６号』昭和六年七月十六日

127）山口盛『宇垣総督の農村振興運動』友邦協会、昭和四十一年、八頁
128）塩田正洪『朝鮮農地令とその制定に至る諸問題』友邦協会、昭和四十六年、八四頁
129）朝鮮総督府『朝鮮総督府官報　第１３７８号』昭和六十年八月八日
130）イザベラ・バード　時岡敬子訳『朝鮮紀行』講談社学術文庫、一九九八年、一一〇頁
131）山崎延吉『我農生回顧録』山崎延吉全集刊行会、昭和十年、三〇七頁
132）山崎延吉『我農生回顧録』山崎延吉全集刊行会、昭和十年、三〇八頁
133）山崎延吉『我農生回顧録』山崎延吉全集刊行会、昭和十年、一七七頁
134）山崎延吉『最近の半島＝山崎延吉氏講演速＝』朝鮮中央協会、昭和十八年、四‐五頁
135）山崎延吉『山崎延吉全集（六）農村講演編』山崎延吉全集刊行会、昭和十年六月十日、一七頁
136）朝鮮総督府『朝鮮に於ける農山漁村振興運動』朝鮮総督府、一九三四年、一八頁
137）八尋生雄「農村振興委員会設置について」「金融組合」、昭和八年、一九頁
138）中央朝鮮協会『最近の半島＝山崎延吉氏講演速記＝』中央朝鮮協会、昭和十八年、一五頁
139）宇垣一成『伸び行く朝鮮：宇垣総督講演集』一九三五年、二〇‐二一頁
140）朝鮮総督府『農村振興運動の全貌　農山漁村は甦る』昭和十一年、写真頁
141）朝鮮総督府『朝鮮総督府調査資料第26輯　朝鮮の小作慣習』昭和四年、五七頁
142）山口盛『宇垣総督の農村振興運動』友邦協会、昭和四十一年、一六頁
143）宇垣一成『伸び行く朝鮮：宇垣総督講演集』宇垣一成、一九三五年、一二一頁

144）朝鮮総督府『農村振興運動の全貌　農山漁村は甦る』昭和十一年、三〇頁
145）朝鮮総督府『農村振興運動の全貌　農山漁村は甦る』昭和十一年、三八頁
146）高橋亀吉『現代朝鮮経済論』千倉書房、昭和十年、八七頁
147）宇垣一成『宇垣一成日記Ⅱ』みすず書房、一九七〇年、九二四-九二五頁
148）山口盛『宇垣総督の農村振興運動』友邦協会、昭和四十一年、二五頁
149）高橋亀吉『現代朝鮮経済論』千倉書房、昭和十年
150）朝鮮総督府『朝鮮総督府官報　第２７１３号附録』昭和九年四月十一日
151）朝鮮総督府『朝鮮総督府官報　第２７１３号附録』昭和九年四月十一日
152）塩田正洪『朝鮮農地令とその制定に至る諸問題』友邦協会、昭和四十六年、九〇頁
153）宇垣一成『宇垣一成日記Ⅱ』みすず書房、一九七〇年、九五五頁
154）久間健一『朝鮮農地令と耕作分散の諸問題』一九三八年、二八頁
155）久間健一『朝鮮農地令と耕作分散の諸問題』一九三八年、二一一頁
156）朝鮮総督府『朝鮮に於ける農村振興運動の実施概況と其の実績』、昭和十五年、五頁
157）朝鮮総督府編『産業調査委員会議事速記録』一九二一年、付録一三一頁
158）鈴木正文『朝鮮経済の現段階』帝国地方行政学会朝鮮本部、一九三八年、二〇五頁
159）朝鮮総督府『産業調査委員会議事速記録』一九二一年、七六-七七頁
160）宇垣一成『宇垣一成日記Ⅱ』みすず書房、一九七〇年、九一九頁

161）宇垣一成『身邊雜話』今日の問題社、昭和十三年、七五頁
162）全国経済調査機関聯合会朝鮮支部編『朝鮮経済年報』一九四〇年版、十七-十八頁
163）宇垣一成『伸び行く朝鮮：宇垣総督講演集』宇垣一成、一九三五年、三九頁
164）河合和男・尹明憲『植民地期の朝鮮工業』未来社、一九九一年、二一頁
165）宇垣一成「朝鮮の将来」『朝鮮』第二百三十三号、一九三四年、十月号、二二頁
166）全国経済調査機関聯合会朝鮮支部編　前掲書（一九四〇）四五七-四七八頁
167）外務省調査局第五課『戦後における朝鮮の政治情勢』外務省調査局第五課、一九四八年、五頁
168）神谷不二『朝鮮問題戦後資料　第一巻　１９４５-１９５３』日本国際問題研究所、一九七五年、一七一頁
169）同上、一六六頁
170）神谷不二　前掲書、一七一頁。カイロ宣言とは一九四三年十一月二十二日、フランクリン・ルーズベルト大統領、蒋介石元帥、チャーチル総理大臣が、軍事顧問及び外交顧問と共に北アフリカで行った「カイロ会談」の後、十二月に発表された宣言である。この宣言では連合国による対日方針等が定められている。主な内容は、(1)日本の無条件降伏を目指す。(2)第一次世界大戦の開始以後、日本が奪取し又は占領した太平洋における一切の島嶼を日本から剥奪すること。(3)朝鮮人の独立。などである。
171）同上、一七一頁

172）山名酒喜男『朝鮮資料　第３号　朝鮮総督府終政の記録(1)旧朝鮮総督府官房総務課長山名酒喜男手記』中央日韓協会・友邦協会、一九五六年、五三頁
173）農業協同組合中央会『韓国農業金融史』農業協同組合中央会、一二〇頁
174）朝鮮金融組合連合会『朝鮮金融組合連合会十年史』朝鮮金融組合連合会、昭和十九年、二九頁
175）同上、一二一頁
176）山名酒喜男　前掲書、三八頁
177）神谷　前掲書、一七二頁
178）東亜日報一九四六年二月十日二面
179）神谷　前掲書、二二六頁
180）農林部『農業経済年報』農林部、一九六七年、一四八頁
181）同上、一四九頁
182）農業協同組合中央会『農協四半世紀　回顧と展望』農業協同組合中央会、一九八七年、一三頁
183）申範植編『朴正熙選集３－主演演説集－』鹿島研究所出版会、昭和四十五年、二四一頁
184）海外公報館『セマウル運動』海外公報館、一九七三年、一七〇頁
185）心田開発とは、朝鮮の人々の農業に対する勤勉さを養うための精神開発である。三章で触れたとおり、スローガンは「勤勉・自助・協同」の精神であった。
186）全国新しい農民像受賞者『新しい農民運動二十年史』新しい農民会、一九八六年、一頁

187）全国セノンミン受賞者『セノンミン運動20年史』セノンミン会、一九八六年、一九－二〇頁
188）農業協同組合中央会　前掲書、三九頁
189）大韓民国政府『行政白書』大韓民国政府、一九六五年、五三頁
190）農業協同組合中央会『韓国農業金融史』農業協同組合中央会、一九六三年、二二二頁
191）吉典植『信念の指導者朴正熙大統領』共和出版社、一九七二年、七三頁
192）金鐘信著・趙南富訳『朴正熙大統領―その生いたち・その素顔・その政治』サンケイ新聞出版局、一九七五年、二〇頁
193）「秋夕（チュソク）」毎年、旧暦の八月十五日（中秋節）を指す。祖霊崇拝の儀式が行われる。家の中に祭壇を作り祭事を行い、先祖の墓も訪れる。韓国ではソルラル（旧正月）に並ぶ代表的な行事。
194）金璡著・梁泰昊訳『ドキュメント朴正熙時代―原題　青瓦臺 비서실』亜紀書房、一九九三年、二九六頁
195）金鐘信著・趙南富訳『朴正熙大統領―その生いたち・その素顔・その政治』サンケイ新聞出版局、一九七五年、一四四頁
196）農業協同組合中央会『農協四半世紀　回顧と展望』農業協同組合中央会、一九八七年、一三頁
197）朴正熙『朴正熙選集１　―韓民族の進むべき道―』鹿島研究所出版会、昭和四十五年、二二四－二二五頁
198）申範植編『朴正熙選集３　―主要演説集―』鹿島研究所出版会、昭和四十五年、一〇七頁

199）吉典植『信念の指導者朴正煕大統領』共和出版社、一九七二年、一七六頁
200）金正濂『韓国経済の発展「漢江の奇跡」と大統領』サイマル出版、一九九一年、一〇六頁
201）海外公報館『セマウル運動』一九七三年、三八頁
202）金鐘信著・趙南富訳『朴正煕大統領―その生い立ち・その素顔・その政治』サンケイ新聞出版局、一九七五年、二〇四頁
203）海外広報館『セマウル運動』一九七三年、一二七頁
204）海外広報館『セマウル運動』一九七三年、二〇〇頁
205）海外広報館『セマウル運動』一九七三年、一一八頁
206）金正濂『韓国経済の発展「漢江の奇跡」と大統領』サイマル出版、一九九一年、一〇九頁
207）海外広報館『セマウル運動』一九七三年、一〇八頁
208）波形昭一、主な著書に『朝鮮における金融組合』国連大学、一九八一年。『日本植民地金融政策史の研究』早稲田大学出版部、一九八五年などがある。
210）秋定嘉和、主な論文「朝鮮金融組合の機能と構造―１９３０年～１９４０年代にかけて―」朝鮮史研究会論文集第五号、一九六八年十一月号
210）秋定嘉和前掲書、一〇四頁

論文によせて

日本と韓国は、善きにつけ悪しきにつけ、相互に影響を与えまた刺激を受けて現在に至っている「隣人」であるといえる。近現代になって、両国にとって不幸な歴史があったとされており、政治的にはさまざまなことが言われてきている。しかし、歴史を紐解けば、不幸ばかりでもなく、また、善かったことばかりでもない。お互いの影響があればこそ、現在の両国の発展が「存在」するのだ。

「歴史は勝者によって書かれる」とは中国史の研究家で作家の陳舜臣氏の言葉だ。日本では「勝てば官軍」というように言われる。しかし、そのような歴史に埋もれてしまった真実の中には、現在につながるさまざまな要素がたくさん残されているのではないか。歴史を見るときに、もちろん、通常の歴史書や教科書の歴史を見るのは当然でありながら、必ず、「真実の姿」にも目を向けなければならない。陳舜臣氏は、歴史小説を書くにあたって、そのようなことを重要視し、真実の姿を映し出してきた。そのことに高い評価があることは、ここに書くまでもないであろう。

陳舜臣氏に限らず、歴史において「真実に目を向ける」ことが非常に重要であることは、誰もが一致した意見だ。しかし、それがなかなかできないのは、そのことによって現在のさまざまな関係に直接的な影響を及ぼすからである。特に政治的な動きをすれば、その政治権力の動きに従い、歴史的「事実」を変えたり、あるいは真実の解釈を変えたりしてゆかなければならない。しかし、本来歴史は一つであるから、そのように変節を繰り返すことになってしまう。これでは歴史がおかしくなってしまうのだ。

歴史を研究する際には、必ずそのようにならないよう、しっかりとした真実を追求しなければならないし、歴史学者は、真実の解釈に少々の幅があったとしても、その真実をゆがめ、歴史を冒涜してはいけないのである。これは学者に限ったことではなく、私たち一般の人であっても、また国家間のような大きな歴史でなくても、一人の一生であっても同じことではないか。

山﨑知昭先生はその意味で、現在ある意味でタブー視されている一九世紀末から朴正煕大統領までの日韓関係に関し、国家の視点で真実の追及をなされた。その傑作の一端がこの論文である。

あえて〝国家の視点で〟と書かせてもらったが、そもそも国家の目的とは何か。それは国家の発展と国民の幸福追求である。しかし、そのような抽象的なことではなく、もっと身近な問題とすれば「経済」と「農業」ということに直結する。特に、戦前のように貿易がまだ盛んではなかった時代であればなおさら、農業による食糧の自給と経済的な独立が国家の大きな課題になる。山﨑先生は、朴正煕大統領が行ったセマウル運動、要するに、〈住みよく豊かな村を自分たちでつくろうという、その名のとおり、新しい村運動である。貧困を打開するための村に於ける共同体再構築運動で、朴正煕の言葉を借りると「民族の一大躍進運動」（八八頁）〉の根幹がどこにあるのかということ、そして、その「民族の一大躍進運動」が、のちに「漢江の奇跡」を実現した基礎力になっていることに着目している。

しかし、何らの基礎もそして国民的な認識もない所でそのような運動を行っても、「笛吹けど踊らず」というような状況になってしまうのは、明らかだ。それは日本であっても、政府が机上の空論で号令をかけても、国民に届くまでに形骸化してしまい、結局、今までの生活の慣習の中に取り込まれてしまうのと同じである。朴正煕大統領は、日韓併合時の日本の政策を模範にして、その時の国民の気質や経験を活かし、その政策を踏襲・近代化する形で政策を実現した。素材が残っている中で完成させるのは、ゼロから作り出すよりも簡単である。逆に、それ以降の韓国の政権が、いずれも掛け声だけで経済政策がうまくいっていないのは、このような国民の気質を無視して政治的な動きを優先させてしまうからではないのか。

では、日本は何をしたのか。山﨑先生の着目点は、「農村改革」特に「自作農の創設」という政策と、「金融組合」である。まさに、戦後焦土化した日本から農業を復興させた日本の農協と同じ内容を、日本は明治時代の後期から戦中にかけて韓国国内で行っていたのである。ではなぜ日本は、朝鮮半島の農業改革を行ったのであろうか。山﨑先生の本文の中に引用された初代朝鮮総督の寺内正毅の言葉をそのまま借りれば、「半島統治の第一義は斯民をして多年の不安より免れしめ、極度の疲弊より救ひ、進んで彼等の福利を増進し、彼等の実力を養成するに在るは勿論である。」(四〇頁)とある。少なくとも、当時の朝鮮の農村部の現状からみれば、当然にこれらの政策が最優先であると判断されたであろう。そのために、日本は、非常に力を入れて農業政策を行い、そして同じようにその政策に共鳴した人々が、少なくとも朴正煕大統領の時代まで、その根底にある改革の精神を継承したのではないか。

特に、韓国の農業に「金融組合」制度が入ったことは非常に大きなものであったといえる。これは、一つには当然に、農家の財政的な問題の解決ということがあげられる。要するに、それまで貧農と小作農、そして中間搾取人が儲けるというような仕組みで、農家に資金がなく、そのためにインフラもそろっていなかった。このことは朝鮮半島の食料自給率を著しく低くし、また国力全体を下げていたといえよう。

しかし、「金融組合」ができたことによって、農業が魅力的な仕事になり、そして農村地帯のインフラの整備や、不作に対する貯蓄などの対策費が担保できるようになったのである。しかし、それ以上に「金融組合」が韓国に与えた大きな影響は、農業と組合を通して、朝鮮の農村部に連帯感ができたということであろう。当然に中間搾取人などによって搾取されていた農家の人々が、これらの改革によって収入が上がり、また同じインフラを農村単位で使うことによる心理的な連帯感は、日本における農村の共同体的な結束力を持った。この結束力があったために、朝鮮戦争やその後の戒厳令などを耐えてこられたのではないだろうか。

山﨑先生の本文においても、当然に、これらの制度的な改革が及ぼした現在の韓国への影響、特に、制度的なものではなく「セマウル運動」への心因的な連続性を喚起させる部分が非常に大きく書かれているのではないかと考えられるのである。

さて、現在の韓国を見てみると、これらの歴史を再評価すべき時に来ているのではないだろうか。年数というよりも、セマウル運動を行った朴正熙の子供である朴槿恵が大統領になるというように、すでに子供の世代が韓国の中枢にいるようになった。実際に、当時共同精米所から身を興し、その後当時最も需要の高かった砂糖と服地を合わせて二つの主力商品ということで李秉喆が設立した「三星商会」が、現在では韓国一のサムスングループとなり、重工業や電子部品を主力商品にしているほど時代が変わってしまったのである。

しかし、時代が変わっても、人の心や生活の向上、幸福を求めることなどは変わるはずがない。なぜ朝鮮総督府の行ったこれらの金融組合や自作農創設政策が、朴正煕大統領の時代まで残ったのか。それは、為政者が誰であっても、農家の人々が自分たちの幸福を追求するために必要なものということで、その選択を誤らず、真実の歴史を継承していたからに過ぎない。「日本が占領時代に行ったことだから」などと言って、政治的な判断と政治的に加工された事実に基づいて金融組合や日本の作ったインフラをすべて廃してしまっていたら、韓国の現在の農業はなくなってしまい、韓国は、国力を大きく損ねていたであろう。そのような真実に基づく再評価を行うために、この山﨑先生の論文は、非常に大きな助けになるであろう。

さて、では日本はどうなのか。日本であっても、食料自給率の問題や農協の経営の問題が連日のようにマスコミをにぎわしている。なぜ、そのような問題がスキャンダル化してしまうのであろうか。それは、当時の朝鮮総督府が韓国の農業を相手に行ったように、本当に農家に必要な物事を最優先にするということを、していないからではないか。実は、韓国を題材に山﨑先生は論文を書かれているが、実際は、韓国の国情を通して、日本の現状を見ているのではないか。そのような気がしてならない。「韓国」を中心に書いていても、実際に農業や人の心はそんなに大きく変わるものではない。特にプラザ合意以降、日本の農業政策は、ほんとうに農業や日本の文化や伝統を守るという観点で行われてきたのか。あるいは、日本の農家の人々の声を反映した内容であったのか。もう一度歴史的真実や農村の声を基に考え直さなければならないのではないか。その時に、山﨑先生の文章から明治・大正・昭和の時代に、日本人が朝鮮半島で行ったことを学び、そして、現在に照らし合わせて考え直すべきではないかと思うのである。

何事もそうであるが、客観的な資料、そして歴史的真実を基に、一度原点に返って物事を見直さなければならないであろう。そして、歴史に真摯に向き合って行えば、朴正熙大統領のように「奇跡」を起こすことができる。歴史にはそれだけの力が残されている。我々は、誰でも、その奇跡を起こす力を持っている。

そのようなことを、山﨑先生の文章から学ぶことができるのではないか。ぜひ、そのような観点で、この文章を読んでいただきたい。

二〇一五年　六月

作家　宇田川　敬介

論文によせて

振学出版の本

■風雪書き

戦後日本人が失ってきたものは何か？
日本人ならば誰もが持っていたはずの高い精神性。
他や義を大切にする文化性。
身近にあって気づかないが、なくしてしまうと
大変なものを、今一度見直してみませんか。

●本体一〇〇〇円＋税

鎌田 理次郎（著）

■留魂録

アジア解放のために尽力した
大日本帝国陸軍特命機関F機関長藤原岩市少佐の
最後の回顧録。日本とアジアの運命を変え東南アジアに
いまだ親日国が多いその歴史の中に生きた魂を。

●本体五〇〇〇円＋税

藤原 岩市（著）

新刊 ■日本統治時代の朝鮮農村農民改革

日本の朝鮮統治時代に、地方金融組合が農村発展のために
推進した農民改革が如何にして浸透し、その後の韓国に影響
を与えたのか長い時間軸から検証し、明らかにする。

●本体一〇〇〇円＋税

山﨑 知昭（著）

■庄内藩幕末秘話

日本の行くべき道は庄内藩に学ぶべし！
幕末、藩主酒井家を中心に「人の道」を貫き、
会津が降伏した後も新政府軍と最後まで戦った
庄内藩にまつわる歴史小説。

●本体一三〇〇円＋税

新刊 ■小説 庄内藩幕末秘話 第二
西郷隆盛と菅秀三郎

一緒に死ぬのは簡単だ。しかし、生きねばならぬ。
西郷隆盛の遺志を後世に伝えようと奮闘した元庄内藩士
たちの物語。待望の『庄内藩幕末秘話』続編！

●本体一二〇〇円＋税

■日本文化の歳時記

あなたは日本を知っていますが？
日本の文化や風習の成り立ちを、時には日本神話にまで
さかのぼりひも解いた一冊。
知っているようで知らなかった、古くて新しい日本との
出会い。

●本体一二〇〇円＋税

宇田川 敬介（著）

■歴史の中の日本料理

日本料理の伝統と文化を知ることは日本の歴史を
知ることであり、
現在を生きる日本人を知ることにもつながる。
平安時代より代々宮中の包丁道・料理道を司る
四條家の第四十一代当主が、
日本料理の文化と伝統を語る。

●本体一〇〇〇円＋税

四條 隆彦（著）

著者略歴

山﨑　知昭　（やまざき　ちあき）

一九八四年、東京都生れ。二〇〇七年拓殖大学国際開発学部卒業。二〇〇五年、韓国大邱大学に交換留学で一年在籍。二〇〇九年、拓殖大学大学院国際協力学研究科博士前期課程を修了。二〇一五年、同大学院同研究科博士後期課程単位取得退学。

代表作としては、『女子大生ちあきのアジャアジャ(頑張れ)！韓国交換留学』（二〇〇八、振学出版）、『国境の島を発見した日本人の物語』（二〇一三、祥伝社）、『条約で読む日本の近現代史』（二〇一四、祥伝社）

日本統治時代の朝鮮農村農民改革

平成二十七年十一月二十五日　第一刷発行

著　者　山﨑　知昭

発行者　荒木　幹光

発行所　株式会社　振学出版
東京都千代田区内神田一－一八－一一
東京ロイヤルプラザ一〇一〇
電　話　〇三－三二九二－〇二一一
URL http://www.shingaku-s.jp/

発売元　株式会社　星雲社
東京都文京区大塚三－二一－一〇
電　話　〇三－三九四七－一〇二一

印刷製本　株式会社　洋光企画印刷